Inventos e Inventores

Grandes Inventos de la Humanidad

Francisco M. Richard

Legal

Este libro no podrá ser reproducido, ni total ni parcialmente, sin el previo permiso escrito del autor. Todos los derechos reservados.

Por el autor:
Francisco M. Richard
Copyright
(Derecho reservado)
Copyright del autor a través de la librería del Congreso de los Estados Unidos de América.
IBSN:TXu 2-018-106

Copyright de la editorial de Kindle Publishing de Amazon
ISBN: 978-1722904043

Agradecimiento

Agradezco la ayuda y el empeño constante que mantuvo la profesora Isabel L. Sago. Ya que hizo un gran esfuerzo para que ésta se hiciera realidad. Su empeño en la revisión y en la confección del prólogo, son dos aspectos fundamentales, que han hecho que ésta sea terminada satisfactoriamente. La respetable profesora es Licenciada en inglés y Profesora de Geografía Universal. Ella abarca un amplio campo en la literatura y en el mundo de la pedagogía universal.

Mi más sincero agradecimiento

El autor

Revisión de Isabel L. Sago

Introducción

En orden creciente de distancia al Sol, la Tierra es el tercer planeta principal del sistema solar. Está situada entre Venus y Marte. Los métodos de datación basados en la desintegración de radioelementos permiten estimar su edad en 4,600 millones de años.

La vida en la Tierra surgió unos mil millones de años después de su formación, convirtiéndose a lo largo de su historia en el hogar de millones de especies, incluyendo los seres humanos, a los que la prodigiosa Naturaleza le ha brindado en el medio geográfico los suficientes recursos que permiten el desarrollo de la vida. El hombre ha sido el recurso natural más valioso, ya que su inteligencia le permite tomar, transformar, inventar, etc, los recursos del medio en que vive para subsistir, desarrollarse y civilizarse.

Con vistas a satisfacer sus necesidades de alimentación, vestuario, refugio, etc, las especies humanas desde los periodos más antiguos comenzaron a descubrir recursos importantes tales como los ríos, mares, minerales, efectos del viento, del sol, del rayo, y otras manifestaciones de la Naturaleza. [1*]

Los primeros humanos, probablemente el __Homo__ __erectus__ o el __Homo__ __ergaster__, usaron y manipularon el fuego, pero no estaba claro si habían podido crearlo por sí mismo o tomarlo de hechos de la Naturaleza, tal como la ocurrencia de rayos o descargas eléctricas.

De acuerdo con investigaciones realizadas por estudiosos de la Universidad Hebrea de Jerusalem en Israel, se ha descubierto que las civilizaciones de la antigüedad habían aprendido a encender el fuego, lo que le permitió aventurarse hacia tierras desconocidas. Un estudio previo del mis *mo asunto, publicado en el 2004 demostró que el hombre había controlado el fuego transfiriéndolo por medio de ra mas encendidas. En la actualidad los investigadores afirman que nuestros antiguos ancestros aprendieron a crear el fuego hace aproximadamente más de 790,000 años.* [2]**

Edad de Piedra (2,8 millones de años)

Paleolítico inferior. (2,5 millones de años)
1. La etapa inicial más larga de la Prehistoria.
2. Se calcula que comenzó hace unos 2,5 millones de años
3. Es la fase Prehistórica más rica en especies de homini nos, y en ella está representada toda nuestra evolución.

Los homínidos son una familia de primates hominoideos, que incluyen 4 géneros y 7 especies vivientes, entre las cuales se encuentra el ser humano y sus parientes cercanos, orangutanes, gorilas, chimpancés y bonobos.
(Ver Anexo #1)

Paleolítico medio (100,000-50,000)
1. Es el 2_{do} de los periodos en que está dividido el Paleolítico.
2. Es un periodo mucho menos extenso que el inferior.
3. Utiliza la técnica de talla (método Levallois) o modo téc nico.

Paleolítico superior (50,000-10,000)
1. Es el $3_{ero.}$ y último de los periodos del Paleolítico.
2. Caracterizado por la preponderancia de las industrias líticas.
3. Se utiliza la industria lítica de cantos rodados y objetos de silex.
4. Las especies humanas de los periodos anteriores queda

ron sustituidas por el Homo sapiens (único superviviente de la sub-tribu Hominina)

<u>Mesolítico</u> (10,000-5,000 años)
1. Edad Media de Piedra, identificada con las últimas sociedades de cazadores-recolectores.
2. Se fabrican herramientas para horadar (perforados, ca lados) con puntas de saetas, etc.
3. Hábitos de las culturas nómadas.

<u>Neolítico</u> (5,000-2,000)
1.Edad de piedra nueva o pulimentada, porque se encontraron herramientas de piedra pulimentada, en vez de tallada.
2.El Neolítico se define por el conocimiento y uso de la agricultura o del pastoreo.
3. La utilización del sílex, el oro, la plata, y el cobre, se fueron perfeccionando en la medida en que iban mejorando la inteligencia y la destreza manual.

<u>La Revolución Neolítica</u> cambió radicalmente la tecnología agraria que a su vez permitió el desarrollo de la agri cultura, la domesticación de animales y los asentamientos permanentes.

La Edad de Piedra desembocó en la Edad de los Metales. Algunos autores utilizan el sistema de las tres edades cuando se refieren a las sociedades prehistóricas:
1 Edad del Cobre
2 Edad del Bronce
3 Edad del Hierro
Siglo XII a.C. Esta fue la primera aparición de sociedades con el nivel tecnológico correspondiente a la Edad

del Hierro. Y ocurrió en los siguientes lugares: Antiguo Oriente, próximo a la antigua India (con la civilización védica) y en Europa (durante la Edad oscura griega) En otras regiones de Europa, la Edad del Hierro se inició después.

Europa Central (siglo VIII a.C.); Norte de Europa (siglo VI a.C.) África (actual Nigeria) (siglo XIII a.C.)

Generalmente la Edad del cobre precedió al bronce. El hierro sustituyó al bronce e hizo posible la creación de herramientas más resistentes y baratas y en muchas culturas euroasiáticas la Edad del Hierro fue la última fase anterior al desarrollo de la escritura, aunque no se puede decir que esto sea universal.

En América y en Australasia, nunca hubo una Edad de Hierro propiamente dicha, porque en esas regiones las tecnologías para trabajar el hierro fueron introducidas por la colonización europea.

En Inventos e Inventores, le ofrecemos al lector en el marco histórico correspondiente, una relación de los inventos más relevantes realizados por el hombre a lo largo de milenios y siglos, en su afán de adaptarse al medio geográfico en primer lugar, para luego adaptar dicho medio a sus necesidades. Esta relación es presentada a partir del Siglo I a.C.

El siglo I antes de nuestra era comenzó el 1ero. de Enero del año 100 a.C. y se encuentra dentro del periodo de la Edad Antigua. Durante este siglo, los territorios alrededor del Mar Mediterráneo estaban bajo el control de Roma y eran dirigidos por gobernadores o reyes romanos.

Se dice que en estos tiempos, a comienzos del siglo I nació Jesús de Nazaret.

A partir del Neolítico se inició una transición que acabaría con siglos de un periodo en que predominaba el traba-

jo manual y la tracción animal en la agricultura. Este proceso llevó a una transformación económica, social y tecnológica en la segunda mitad del siglo XVIII, que tuvo su inicio en Gran Bretaña, y se extendió unas décadas después a gran parte de Europa occidental y Estados Unidos, concluyendo entre 1820 y 1840. Se le conoce como <u>Primera Revolución Industrial</u> que dio el paso desde una economía rural basada en la agricultura y el comercio, a una economía urbana, industrializada, y mecanizada. La <u>Revolución Industrial</u> cambió e influyó en la vida cotidiana, multiplicó la agricultura, y la industria; disminuyó el tiempo de producción.

La <u>Revolución Industrial</u> inglesa se inició con la industria textil, la extracción, y la utilización de la hulla o carbón de piedra. Contribuyó a la expansión del comercio, ya que se desarrollaron las comunicaciones (vías ferreas, canales, carreteras). Creció rápidamente la población urbana. Además de los avances anteriores, fue introducida la Máquina de vapor (de James Watts) en las distintas industrias, aumentando la producción espectacularmente.

Referencias bibliográficas

1* El Pequeño Larousse Ilustrado (2003)
2** ídem.
3* www.profesorenlinea.cl-Registro N°188,540

> *a. Black Inventors' Online Museum. African-American Inventors.*

Las revisiones anteriores se actualizaron con reportes de revistas, medios de prensa, TV, etc

Cronología de Inventos e Inventores 4*

Para su mejor comprensión a lo largo del desarrollo social del hombre, a continuación le ofrecemos la aparición cronológica de los inventos con sus correspondientes inventores, comprendidos desde la etapa prehistorica hasta los inicios del siglo XX.

Indice

Introducción..vii-xi
Referencias Bibliográficas...............................xii

Capítulo I

Edad de Piedra...17-20
Paleolítico Inferior
Paleolítico Medio
Paleolítico Superior
Mesolítico
Neolítico

Capitulo II

Edad Antigua..21-24
Año 3,000 hasta el Siglo V después de Cristo
Edad del Cobre
Edad del Bronce
Edad del Hierro

Capítulo III

Edad Media..25
Siglo V hasta el el Siglo XV
La Edad más oscura del planeta

Capítulo IV

Edad Moderna
Siglo XV hasta la Revolución francesa...........26-32

Capítulo V

Edad **Contemporánea**

Siglos XIX-XX..*32-47*

Anexo #1..*48-60*

Anexo #2..*60-62*

Anexo #3..*62-70*

Glosario *71-98*

Cronología de inventos

Capítulo I

Paleolítico Inferior
Hace 2,5 millones de años a.C.

(790.000 a.C.) Fuego, utilización del fuego por mantenimiento.

(500.000 a.C.) Vestido de pieles.

(400.000 a.C.) Lanza de madera.

(400.000 a.C.) Útiles de piedra sin labrar.

(250.000 a.C.) Hachas de mano.

(200.000 a.C.) Útiles de piedra labrados a partir de un núcleo Bifaces.

(200.000 a.C.) Cuchillos, raspadores, raederas, puntas de lanza.

Paleolítico Medio
(100,000-50,000 años a.C.)

(100.000 a.C) Útiles de piedra obtenidos con herramientas de percusión.

(100.000 a.C.) Azagayas, cuchillos, raspadores, ...

(100.000 a.C.) Útiles obtenidos por el trabajo de lascas.

(100.000 a.C.) Puntas, buriles, punzones, raederas y, etc.

(75.000 a.C) Industria del hueso.

<u>Paleolítico Superior.</u>
(50,000-10,000 años a.C.)

(50.000 a.C.) Lámpara de aceite.

(45.000 a.C.) Pintura rupestre.

(45,000) a.C. Petroglifos (Dibujos dejados en cavernas)

(30.000 a.C.) Figuras de arcilla.

(30.000 a.C.) Arco y flechas.

(20.000 a.C.) Aguja.

(18.000 a.C.) Pincel.

(18.000 a.C.) Cuencos, vasijas, etc.

(18.000 a.C.) Tiendas de campaña de pieles.

(17.000 a.C.) Chozas de madera.

(17.000 a.C.) Casas de huesos de mamut.

(13.000 a.C.) Arpón.

(10.000 a.C.) Martillo de piedra.

(10.000 a.C.) Red.

Mesolítico.
(10,000-5,000 años a.C.)

(8.000 a.C.) Peine.

(7,500 a.C.) Barco de remos.

(7,000 a.C.) Hilado con rueca.

(7,000 a.C.) Metalurgia.

(6,000 a.C.) Ladrillo.

(6,000 a.C.) Agricultura.

(5,000 a.C.) Piedra de moler (Egipto y Mesopotamia)

(5,000 a.C.) (Sumer)Regadío por acequias.

Neolítico.
(5,000-3,000 a. C.)

(5,000 a.C.) Casas de adobe y ladrillo Sumer.

(5,000 a.C.) Ganadería.

(5,000 a.C.) Balanza. Egipto.

(4,000 a.C.) Alfiler. Egipto.

(4,000 a.C.) Tenedor. Turquía.

(3,700 a.C.) Cosméticos. Egipto.

(3,500 a.C.) Espejo (Egipto.

(3,500 a.C.) La rueda. Era un disco de piedra con un agujero en el centro. Se usó en alfarería. También se encon tró en Liubliana, Eslovenia. Fue un medio de transporte en la civilización sumeria.

(3,500 a.C.) Clavo. Mesopotamia.

(3,500 a.C.) Bronce. Mesopotamia.

(3,500 a.C.) Arado. Mesopotamia.

(3,500) a.C. <u>Sumerio</u> fue el primer idioma escrito. no contaba con un alfabeto.

(3,200 a.C.) Rueda. Mesopotamia.

(3,200 a.C.) Tinta. China.

(3,100 a.C.) Baños, Valle del Indo.

(3,100-2,907 a.C.) Perfumes. Egipto.

(3,000 a.C.) Yugo. Mesopotamia.

(3,000 a.C.) Anzuelo. Escandinavia.

(3,000 a.C.) Plomada. Egipto.

(3,000 a.C.) Vidrio. Egipto.

(3,000 a.C.) Calendario Sumer-Egipto.

(3,000 a.C.) Escritura Sumer. Sumeria.

Capítulo II

Edad Antigua

Edades del bronce y del hierro
3,000 años antes de Cristo hasta el Siglo V después de Cristo.

(3,000 a.C.) Vaso. Mesopotamia.

(3,000 a.C.) Barco de vela. Egipto.

(3,000 a.C.) Cigüeñal de pozo. Egipto.

(3,000 a.C.) Jabón. Mesopotamia.

(3,000-2,000 a.C.) Cañerías para los desagües domésticos. Paquistán y Creta.

(3,000 a.C.) Reloj solar. China.

(2,800 a.C.) Cuerda de cáñamo. China.

(2,600 a.C.) Escuadra. Egipto.

(2,500 a.C.) Geometría. Egipto.

(2,300 a.C.) Retrete. Mesopotamia.

(2,000 a.C.) Reloj solar. Egipto

(2,000 a.C.) Velas. Egipto.

(2,000 a.C.) Pelota. Egipto.

(2,000 a.C.) Carro. Mesopotamia.

(1,900 a.C.) Fundición del hierro. Mesopotamia.

(1,700 a.C.) Alfabeto. Fenicia, Actual Siria.

(1,650 a.C.) Espada. Micena, Grecia.

(1,500 a.C.) Calendario. Egipto.

(1,400 a.C.) Cuchara. Israel.

(1,300 a.C.) Honda: (tira de cuero para lanzar piedras) Israel.

(1,300 a, C.) Hilo o alambre. Egipto.

(1,300) a.C. Puerto comercial de Ugarit, en Siria. donde apareció el primer alfabeto propiamente dicho, en el que cada letra representaba un sonido que se unía con otro para formar una palabra completa.

(1,200 a.C.) Esmalte. Egipto.

(1,100) a.C. Alfabeto de 22 letras. Fenicia. Luego fue adoptados por los griegos. Los dividieron en dos partes que son: El jónico de 24 letras, y el occidental de 21 letras. El segundo fue la base de la escritura latina. En la Edad Media se le anexaron cuatro letras (j, ñ, u, w.)

(1,000 a.C.) Tijera de bronce. Europa y Asia.

(1,000) a.C. Primer mapa del mundo. Mesopotamia.

(800 a.C.) Hebilla. Europa.

(700 a.C.) Imperdible o alfiler. Europa.

(690 a.C.) Acueducto. Asiria. (perteneciente al Oriente Medio)

(640 a.C.) Tejas de arcillas cocida. Grecia.

(620 a.C.) Monedas. Lidia-Asia.

(600 a.C.) Cerraduras y llaves. Egipto.

(550-510 a.C.) Mapa. Grecia.

(540 a.C.) Arnés de caballería. Cimerios-Escitas.

(500 a.C.) Alfombra. China-Irán.

(500 a.C.) Abaco. Babilonia, actual Irak.

(490 a.C.) (Puente de tabla entre Asia y Europa)

(420 a.C.) Teoría Atómica de la materia. (Primera). Grecia. Demócrito de Abdera.

(450 a.C.) Ábaco. Mediterráneo. Desarrollado en China.

(300 a.C.) Arquímides: Palanca; tornillo sin fin, tornillo elevador de agua, rueda dentada, balanza hidrostática y

espejos ustorios.

(300 a.C.) Sistema heliocéntrico de la Tierra. Fue propuesto desde el siglo III a. C. por Aristarco de Samos.

(300a.C.-250d.C) Inodoro(drenaje) Japón.

(300-250 a.C.) Bomba de agua o de émbolo. Ctesibio. Alejandría, Egipto.

(285 a.C.) Faro. Alejandría, Egipto.

(270 a.C.) Órgano (Instrumento de caña accionado por agua) Ctesibio, matemático de Alejandría.

(250 a.C.) Reloj hidráulico. Ctesibio. Grecia.

(224 a.C.) Válvulas. Ctesibio. Egipto.

(190 a.C.) Pergamino. Asia menor.

(150 a.C.) Sismoscopio para terremotos.

(150 a.C.) Prensa (usada para extraer el zumo de la uva y aceite de oliva) Grecia.

(140 a.C.) Trigonometría. Hiparcus de Nicaea. Grecia.

(85 a.C.) Molino. Grecia.

Capítulo III

Siglo I
Herradura que se le pone a los caballos(Roma)
Compas(Roma)
(50) Aeolipia. Egipto. Herón de Alejandría.
(100) Rueda de agua. Grecia.

Siglo II
(105) Papel. China. Tsai-lun.

Siglo III
Patines (Escandinavia)
Carretilla (China)
Sierra hidráulica para cortar mármol.
Mesopotamia, actual Irak.
Aparición del reloj de arena.
(300) Apareció el molino de agua. Francia.

Siglo IV Calcado de lápidas para reproducir caracteres y pinturas. China.

Siglo V
Siglo V hasta finales del Siglo XV

Edad Media
(600) Ajedrez. India.
(618) Papel moneda. China.
(635) Pluma. España.
(650) Molino de viento. Persia, actual Irán.
(683) Cero. Indonesia.

Siglo VI
(476) Derrumbe del Imperio Romano Occidental, y el inicio de la época medieval.(siglo de Bizancio)

Edad Moderna
Siglo XV hasta la Revolución francesa

Siglo VII
(700) Pelota de caucho, rellena con fibras vegetales. Imperio Maya.
(740) Xilografía (Japón-China)
(780-850) Algoritmo. Matemático persa. Actual Irán.
Musa al-Juarismi.

Siglo VIII
(800) Los primeros relojes accionados por motores.

Siglo IX
(840) Cámara oscura. China.
(868) Imprenta de libros. China.

Siglo X
(950) Pólvora. China.
(960-1279) Papel moneda en la Dinastía Song. China.
(983) Esclusa. China.

Siglo XI
(1,000) Rueca. Asia.
(1,000) d.C. (Aprox. en el año 1000 d.C. se inventó la imprenta de "tipos móviles".
(1090) Brújula. China-Arabia.(1,100) Primer reloj mecánico de péndulo del mundo. (Monje Benedictino Gerberto de Aurillac (Silvestre II) Se utilizan en los Monasterio

Siglo XII
(1180) Timón. Arabia.

Siglo XIII
(1200) Lupa. Robert Grosseteste.
(1250) Hojalata. Bohemia. Ciudad de la antigua República Checa.
(1280) Cañón. China.
(1286) Gafas. Italia.

Siglo XIV
(1380) Reloj despertador. Alemania.

Siglo XV
(1405) Tornillo. Alemania.
(1450) Imprenta tipos móviles. Alemania.
   Johannes Gutemberg.
(1450) Lentes cóncava. Nicolás de Cusa. Alemania.
(1470) Astrolabio. Europa.
(1500) Camisa. Europa.
(1500) La hélice (máquinas voladoras) Italia.
   Leonardo da Vinci.
(1500) Laúd. (había sido traído de Europa por las cruzadas; procedente de Marrueco.

Siglo XVI
(1509) Papel pintado. Hugo van der Goes. Bélgica.
(1510) El primer reloj. Alemania. Peter Henlein.
(1528) Granadas. Francia.
(1530) Tapón de corcho. Francia.
(1532) Sistema circulatorio pulmonar. España.
   Miguel de Servet.
(1542) Reloj de bolsillo. Francia.

(1560) Condón. Italia.
(1565) Lápiz. Konrad von Gesner. Suiza.
(1581) Péndulo. Galileo Galilei. Italia.
(1590) Microscopio compuesto. Holanda.
   Zacharias Hans Jaussen
(1590) Telescopio. Holanda. Hans Lippershey.
(1592) Termómetro de agua. Italia. Galileo Galilei.
(1600) Primer buque de ruedas. España.
   Blasco de Garay.

<u>*Siglo XVII*</u>
(1610) Microscopio y el telescopio. Italia.
   Galileo Galilei.
(1617) Logaritmo Neperiano. John Napier (1550-1617)
   Matemático escocés
(1622) Regla de cálculo. William Oughtred. Inglaterra.
(1623) Primera calculadora mecánica.
   Wilhelm Schickard. Alemania.
(1624) Submarino. Cornelius Drebbel. Inglaterra.
(1624) Primera regla deslizante. William Oughtred.
Matemático inglés. Llamada circulo de proporción.
(1625) Transfusión de sangre. Francia.
   Jean-Baptiste Denis.
(1629) Turbina de vapor. Italia. Giovanni Branca)
(1637) Paraguas. Francia.
(1642) Máquina de sumar. Francia. Blaise Pascal.
(1643) Barómetro. Italia, Evangelista Torricelli.
(1644) Juego de la oca. Venecia, Italia.
(1645) Francia. Blaise Pascal. Filosófo y matemático.
(1650) Bomba de vacío. Alemania. Otto von Guericke.
(1656) Reloj de péndulo. Holanda. Christiaan Huygens.
(1658) Billete de banco. Suecia.
(1666) Primera máquina de multiplicar en la corte del

rey Carlos II de Inglaterra. Samuel Morland.
(1668) Champaña. Francia. Don Perignon.
(1668) Telescopio reflector. Inglaterra. Isaac Newton.
(1672) Máquina de calcular. Alemania.
   Gottfried Wilhelm Leibniz)
(1672) Bomba neumática. Alemania. Otto von Guericke.
(1673) Primera calculadora de propósito general.
Gottfried Leibniz. Alemania. Llamada rueda de Leibniz.
(1675) Reloj de bolsillo. Holanda. Christian Huygens.
(1681) Olla a presión. Francia. Denis Papín.
(1683) Microscopio de precisión. Holanda.
   Antón van Leeuwenhoek.
(1687) Higrómetro. Francia. Guillermo Amontos.
(1690) Máquina de vapor, barco de vapor. Francia.
   Denis Papín.
(1698) Máquina de vapor extractora. Inglaterra.
   Thomas Savery.
(1700) Piano. Italia. Bartolomeo Cristofori.
(1700) Primer reloj de péndulo. Galileo Galilei, aportó mucho a este invento.

Siglo XVIII
(1701) Barrena sembradora. Inglaterra. Jethro Tull.
(1705) Motor de vapor. Inglaterra. Thomas Newcomen.
(1710) Termómetro de alcohol. Francia.
   René Antonio de Reaumur.
(1711) Diapasón. Inglaterra. __John Shore__. Músico.
(1712) Máquina de vapor con pistones.
   Thomas Newcomen.
(1714) Termómetro de mercurio. Alemania.
   Daniel Gabriel Fahrenheit.
(1717) Campana de buceo. Inglaterra. Edmund Halley.
(1718) Ametralladora. Inglaterra. James Puckle.

(1725) Esterotipia. Inglaterra. William Ged.
(1731) Octante. Inglaterra.
  John Hadley y Thomas Godfrey.
(1733) Lanzadera automática. John Kay. Inglaterra.
(1723-35) Porcelana. China. <u>dinastía Qing</u>.
Tipos: <u>porcelana</u> <u>blanda</u> o tierna, <u>porcelana</u> <u>caolínica</u>, <u>porcelana</u> <u>de</u> <u>ceniza</u> <u>de</u> <u>hueso</u> y porcelana 'francesa'.
(1739) Termómetro de alcohol y de los grados de
  temperatura. Francia. René Antoine Reaumur.
(1740) Estufa. U.S.A. Benjamin Franklin.
(1740) Impresión en colores. Francia. Le Blon.
(1741) Agua carbonatada. Inglaterra.
  Williams Browrigg.
(1742) Termómetro centígrado. Anders Celsius.
(1745) Botella de Leyden, condensador. Alemania.
  Ewald Georg von Kleist.
(1745) Condensador eléctrico. Alemania y Holanda.
  Jorge von Kleist y Pedro Musschembroek.
(1753) Pararrayos. Benjamin Franklin.
(1757) Sextante John Campbell. U.S.A.
(1758) Lente acromática. Inglaterra. John Dollond.
(1759) Cronómetro marino. Inglaterra. John Harrison.
(1763) Reflectores parabólicos. Inglaterra. Hutchinson.
(1764) Máquina de hilar. Inglaterra. James Hargreaves.
(1768) Máquina de tejer. Inglaterra. Richard Arkwright
(1769) Motor de vapor. Inglaterra. James Watt.
(1769) Jugador de ajedrez. Inventor.
  (juego supuestamente automático)
  Wolfgang von Kempelen. Hungría.
(1770) Automóvil. Francia. Nicholas Joseph Cugnot.
(1770) Dentadura postiza de porcelana. Francia.
  Alexis Duchateau
(1771) Fosforo. Joseph Wright. Inglaterra.

(1775) Higrómetro. Francia. Horace de Saussure.
(1778) Retrete de agua corriente. Inglaterra.
  Joseph Bramah.
(1780) Pluma de acero. Inglaterra. Samuel Harrison.
(1783) Globo de aire caliente. Francia.
  Joseph y Etienne Montgolfier.
(1783) Paracaídas. Francia. Louis Lenormand.
(1784) Trilladora mecánica. Inglaterra. Andrew Meikle.
(1785) Telar mecánico. Inglaterra. Edmund Cartwright.
(1785) El gas de alumbrado. Francia. Felipe Lebón.
(1785) Electróforo. Italia. Alejandro Volta.
(1788) Regulador centrífugo. Inglaterra. James Watt.
<u>1789</u>   *Comienzo de la Revolución Francesa.*
(1790) Máquina de coser. Inglaterra. Thomas Saint.
(1791) Turbina de gas. Inglaterra. John Barber.
(Aprox.1791) Almanaque. U.S.A. Benjamin Banneker.
(1792) Gas de alumbrado. Inglaterra. William
  Murdock.
(1792) Almarrá o desmotadora. U.S.A. Eli Whitney.
(1791-95) Sistema métrico decimal. Gobierno francés.
(1893) Exprimidor de limón. U.S.A. J. Thomas White.
(1796) Vacuna contra viruela. Inglaterra.
  Edward Jenner.
(1796) Prensa hidráulica. Inglaterra. Joseph Bramah.
(1796-1799) La litografía. Luis Senefelder. Praga.
(1798) Cinta sin fin de tela metálica. Francia.
  Louis Robert.
(1798) Primer barco de vapor en los Estados Unidos.
  John Fitch
(1799) Macadam para pavimentar carreteras. Escocia.
  John Mac Adam.
(1800) Pila batería eléctrica. Italia. Alessandro Volta.
(1800) Telar Jacquard. Francia. Joseph Marie.

(1800) Máquina de vapor. Escocia. Jaime Watt.

Capítulo V

Edad Contemporánea (XIX-XX.
*(1801) Inventor de la fotografía. Francia.
    Nicephore Niepce.*
*(1801) Telar de patrones. Francia.
    Joseph Marie Jacquard.*
(1802) Cocina de gas. Austria. Zachaus Winzle.
*(1803) Locomotora de vapor. Inglaterra.
    Richard Trevithick.*
*(1807) Botón a presión o automático. Dinamarca.
    Bertel Sanders.*
(1807) Barco de vapor. U.S.A. Robert Fulton.
*(1810) Conservación de alimentos. Francia.
    Nicolas Appert.*
(1810) Alimentos enlatados. Inglaterra. Peter Durand.
*(1810) Prensa de imprimir. Alemania. Frederick
    Koenig.*
(1812) Gato hidráulico. Joseph Bramah. Inglaterra.
*(1814) Locomotora ferroviaria. Inglaterra.
    George Stephenson.*
*(1814) Espectroscopio. Alemania.
    Joseph von Frauenhofer.*
*(1815) Lámpara de seguridad. Inglaterra.
    Sir Humphry Dhabi.*
(1816) Estetoscopio. Francia. René Laënnec.
(1816) Bicicleta. Alemania. Karl D. Sauerbronn.
*(1816) La lámpara de seguridad para mineros.
    Inglaterra. Humphry Davy.*
 (1818) Revólver. U.S.A. Elisha Collier y Artemis Weeler.
(1819) Submarino Ictineo. España. Narciso Monturiol.

(1819) Brazo del tocadiscos. U.S.A.
   Joseph Hunger Dickenson
(1820) Galvanómetro. Alemania.
   Johann Salomón y Cristoph Schweigger.
(1820) Higrómetro. Inglaterra. J. F. Daniell.
(1821) Motor eléctrico. Inglaterra. Michael Faraday.
(1821) Termo electricidad. Alemania.
   Thomas Johann Seebeck.
(1823) Electroimán. Inglaterra. William Sturgeon.
(1824) Cemento Pórtland. Inglaterra. Joseph Aspdin.
(1824) Impermeable. Inglaterra. Charles McIntosh.
(1826) Segadora. Escocia. Patrick Bell.
(1827) Cerillas de fricción. Inglaterra. John Walker.
(1827) Negativo fotográfico. Inglaterra.
   William Henry Fox Talbot.
(1827) Daguerrotipos o fotografías. Francia.
   Joseph Nièpce y L. Daguerre.
(1829) Máquina de coser. Francia.
   Barthélemy Thimonnier y Walter Hunt.
(1829) Sistema Braille para ciegos. Francia.
   Louis Braille.
(1830) Cortadora de pasto. Inglaterra.
   Edwin Beard Budding
(1830) El sobre. Brewer. Inglaterra.
(1831) Dinamo eléctrico. Inglaterra. Michael Faraday.
(1831) Transformador. Inglaterra. Michael Faraday.
(1831) Fósforos. Francia. Charles Sauria.
(1837) El alfabeto Morse. Inglaterra. Samuel Morse.
(1837) Telégrafo. Inglaterra. Samuel Morse,
   William Cooke y Charles Wheatstone.
(1837) Sello postal. Inglaterra. Rowland Hill.
(1838) Cosechadora. Varios.
(1838) Estereoscopio. Inglaterra. Carlos Wheatestone.

(1839) Bicicleta. Inglaterra. Kirkpatrick MacMillian.
(1839) Martillo hidráulico. Inglaterra. James Nasmyth.
(1839) Máquina fotográfica con objetivo. Francia
  Jacques Daguerre.
(1839) Interruptor de automovil. U.S.A.
  Granville T. Wood.
(1840) Sello de correos. Inglaterra. James Chalmers.
(1842) Reloj eléctrico. Suiza. Hipp.
(1843) Tarjeta navideña. Inglaterra. Henry Cole.
(1844) Código de Samuel Morse y Alfred Vail U.S.A.
(1844) Anestesia. U.S.A. Horace Wells.
(1844) Turbina de vapor multieje. Inglaterra.
  Charles Algernon Parsons.
(1845) La cámara de aire. Inglaterra. William Thomson.
(1846) Algodón, pólvora. Alemania.
  Christian Frederich Schönbein.
(1846) Saxofón. Belga-Francia. Adolphe Sax.
(1848) La cerradura de seguridad. Yale. U.S.A.
(1849) Hormigón. Francia, F. J. Monier.
(1850) Algodón mercerizado. Inglaterra. John Mercer.
(1851) Oftalmoscopio. Alemania.
  Hermann Ludwig y Ferdinand Helmholtz.
(1851-1895) El submarino Peral. España. Issa Peral.
(1852) Dirigible no rígido. Francia. Henri Giffard.
(1852) Giróscopo. Francia. Jean Bernard Leon
  Foucault.
(1853) Jeringuilla. Francia. Charles Pravaz.
(1853) Dresser. principio activo. Alemania.
  Karl Gerhard.
(1855) Abrelatas. Inglaterra. Robert Yates.
(1855) Fósforo de seguridad. Suecia. J. E. Lundstrom.
(1855) Jeringuilla hipodérmica. Inglaterra.
  Alexander Wood.

(1855) Mechero de gas Bunsen. Alemania.
   Roberto Wilhelm Bunsen.
(1856) Anilina, primer colorante sintético. Inglaterra.
   William Perkin.
(1856) Acero. Inglaterra. Herny Bessemer.
(1859) Espectroscopio. Alemania.
   Gustav R. Kirchhoff y Robert W. Bunsen.
(1859) Acumulador. Francia. Gastón Planté.
(1859) Sumergible. España. Narcis Monturiol.
(1860) Linóleo para suelos. Inglaterra.
   Frederick Walton.
(1860) Motor de gas. Francia. Étienne Lenoir.
(1860) Pasteurización. Francia. Louis Pasteur.
(1861) Horno eléctrico. Inglaterra. William Siemen.
(1861) Fotografía a color. Inglaterra.
   James Clerk Maxwell.
(1861) Plásticos. Varios.
(1862) Secador de ropa. U.S.A. G. T. Sampson.
(1864) Rodillo de pastelero. U.S.A. John W. Reed.
(1865) Cirugía antiséptica. Inglaterra. Joseph Lister.
(1865) Rotativa. Varios.
(1865) Dinamita. Suecia, Estocolmo. Alfred Nobel.
(1866) Torpedo autopropulsado. U.S.A.
   Robert Whitehead.
(1867) Elevador. U.S.A. Alexander Miles.
(1868) Pila seca. Francia. Georges Leclanché.
(1868) Grapadora. Inglaterra. C. H. Gould.
(1868) La guillotina. Francia. Joseph Guillotin.
(1870) Frigorífico. Francia. George Claude.
(1871) Margarina. Francia. H. Mège-Mouriés.
(1872) Chicle. Thomas Adams. U.S.A.
(1872) Extinguidor de fuego. U.S.A. T. Marshall.
(1873) Máquina de escribir. Cristopher Latham Sholes.

Pensilvania, U.S.A.
(1875) Gelinita (explosivo) Suecia. Alfred Nobel.
(1875) Cortador de galleticas. U.S.A. A. P. Ashbourne.
(1876) Teléfono. Alemania. Alexander Graham Bell.
(1876) El frigorífico (cámara de frío) Francia.
   Carlos Alberto Tellier.
(1876) Estufa o fogón. U.S.A. T. A. Carrington.
(1877) Fonógrafo. Tomás Alva Edison. U.S.A.
(1877) El motor de cuatro tiempos. Alemania. Otto.
(1878) Micrófono. U.S.A. David Edward Hughes.
(1878) Tirador de puerta o agarradera. U.S.A.
   O. Dorsey.
(1878) Escalera para huir por fuego. U.S.A.
   J. W. Winters.
(1879) Motor de cuatro tiempos. Alemania. Karl Benz.
(1879) Caja registradora. U.S.A. James Ritty.
(1879) Bombilla o ampolleta, lámpara eléctrica de
   incandescencia. Thomas Alva Edison. U.S.A.
(1879) Tren eléctrico. Alemania. Ernst Werner Siemens.
(1880) Patín de ruedas. Inglaterra. J. Walters.
(1880) Estufa de gas. Francia. Sigismund Leoni.
(1880) Protector ocular. U.S.A. P. Johnson.
(1881) Tranvía. Alemania. Ernst Werner von Siemens.
(1881) Central hidroeléctrica. Inglaterra.
(1882) Plancha eléctrica. U.S.A. Henry W. Seely.
(1882) Bombillo de lámpara eléctrica. U.S.A.
   Lewis Latimer.
(1883) Oscilador elemental. Alemania.
   Heinrich Rudolf Hertz.
(1884) Pluma estilográfica. Decatur, New York, U.S.A.
   Lewis Edison Waterman.
(1884) Linotipia. Alemania. Ottmar Mergenthaler.
(1884) Turbina de vapor. Inglaterra. Charles Parsons.

(1884) Disco de Nipkow, televisión. Alemania.
   Paul Gottlieb Nipkow.
(1884) Rayón, nitrocelulosa. Francia.
   Conde Hilaire Bernigaud de Chardonnet.
(1884) Motor de gasolina. Alemania.
   Gottlieb Wilhelm Daimler.
(1884) Batidor de huevos. U.S.A. Willie Johnson.
(1884) Transmisor telefónico. U.S.A.
   Granville T. Woods.
(1885) Motor de combustión. Automóvil. Alemania.
   Karl Benz.
(1885) Submarino eléctrico. España. Isaac Peral.
(1885) Motocicleta. Alemania.
   Gottlieb Wilhelm Daimler.
(1885) Herradura. U.S.A. J. Ricks.
(1885) Máquina de escribir. U.S.A.
   Burridge & Marshman.
(1886) Guitarra. U.S.A. Robert F. Fleming, Jr.
(1886) Triciclo. U.S.A. M. A. Cherry.
(1887) Morfología de neuronas. España.
   Santiago Ramón y Cajal.
(1887) Llanta neumática inflable. Inglaterra.
   J. B. Dunlop.
(1887) Efecto fotoeléctrico. Alemania.
   Heinrich Rudolf Hertz.
(1887) Tabla de planchar. U.S.A. Sarah Boone.
(1887) Cazuela o paila para cocinar. U.S.A.
   James Robinson.
(1888) Gramófono. Alemán, americano. Emile Berliner.
(1888) Kinetoscopio. Inglaterra.
   William Kennedy Dickson, junto a T. A. Edison.
(1888) Cinematógrafo. Francia. Louis Aimé Le Prince.
(1888) Tocadiscos. Alemanan, americano.

Emile Berliner.
(1889) Turbina de vapor. Suecia. Carl Gustaf de laval.
(1889) Teléfono de monedas. U.S.A. William Gray.
(1889) Ascensor eléctrico. U.S.A. Otis, Hermanos y Cía.
(1889) Silla plegable. U.S.A. Brody and Surgwar.
(1889) Maquina cortadora de césped. U.S.A. L. A. Burr.
(1890) Rayón, cupro amonio. Francia.
Louis Henri Despeissis.
(1890) El tubo de William Crookes y los Rayos X. Inglaterra.
(1890) Telegrafía sin hilos. Francia. Edward Branly.
(1890) Pluma de fuente. U.S.A. W. B. Purvis.
(1890) Barredor de calle o escobillón. U.S.A.
Charles B. Brookes.
(1891) Estetoscopio. Francia, René Laennec.
(1891) Goma sintética. Inglaterra.
Sir William Augustus Tilden.
(1891) Cocina eléctrica. U.S.A.
Carpenter Electric Company.
(1891) Planeador. Alemania. Otto Lilienthal.
(1891) Buzón de correos. U.S.A. Paul L. Downing.
(1891) Refrigerador. U.S.A. J. Standard.
(1892) Botella de vacío. Inglaterra. James Dewar.
(1892) Termo. Inglaterra. James Dewar.
(1892) Estufa eléctrica. Inglaterra. Rookes
Evelyn Bell. Corp. y Herbert Dowsing.
(1892) Motor Diesel. Alemania. Rudolph Diesel.
(1892) Rayón, viscosa. Inglaterra.
Charles Frederick Cross.
(1893) Célula fotoeléctrica. Alemania.
Julius Elster y Hans F. Geitel.
(1893) El motor racional de calor. Francia.
Rodolfo Diesel.

(1893) Mapo o trapeador. U.S.A. Tomas W. Stewart.
(1894) El primer periscopio. Italia. Angelo Salmoraighi.
(1895) La radio. Italia. Guiglielmo Marconi.
(1895) Cinematógrafo. Francia.
   Louis y August Lumière.
(1895) Telegrafía sin hilos. Italia. Guiglielmo Marconi.
(1895) Máquina de afeitar. Francia.
   King Camp Gillette.
(1895) Neumáticos. Francia.
   Hermanos Michelin de Clermont Ferrand.
(1895) Rayos X. Alemania. Wilhelm Conrad Roentgen.
(1895) Rayón, acetato. Inglaterra.,
   Charles Frederick Cross.
(1895) Sillas de montar. U.S.A. W. D. Davis.
(1896) Taxímetro. Alemania.
(1896) Auto giro, precursor del helicóptero actual.
   España. Juan de la Cierva y Codorníu
(1896) Mantequilla de mani. U.S.A.
   George Washington Carver.
(1897) Tubos de rayos catódicos. Ferdinand Braun.
(1897) Aspirina. Alemania. Felix Hoffman y Hermann.
(1897) Sacapuntas. U.S.A. J. L. Love.
(1897) Regadera de césped. U.S.A. J. W. Smith.
(1898) Grabadora de sonidos. Copenhague, Dinamarca.
   Valdemar Poulsen.
(1899) Máquina de coser. U.S.A. Elias Howe.
(1899) Cama plegable. U.S.A. L. C. Bailey.
(1899) Meta de la pelota de golf. U.S.A. T. Grant.

<u>Siglo XX</u>
(1900) Cine sonoro. Francia. Leon Gaumont.
(1900) Zeppelín. Alemania.
   Graf Ferdinand von Zeppelin.

(1901) Aspiradora. Inglaterra. Hubert Cecil Booth.
(1901) Lavadora eléctrica. U.S.A. Alva John Fisher
(1901) Mecano. U.S.A.
(1901-1966) Walter Elías, llamado Walt Disney. Chicago, U.S.A. 1901, Burbank, Los Angeles, 1966.
(1902) Fax. Correo electrónico. U.S.A.
(1902) Frenos de disco o de tambor. Francia.
   Louis Renault
(1902) Radioteléfono. Dinamarca. Valdemar Poulsen.
(1903) Electrocardiógrafo. Holanda. Willem Einthoven.
(1903) Fotografía a color. Francia.
   Augusté y Louis Lumieré.
(1903) Aeroplano. U.S.A. Orville y Willbur Wright.
(1903) Cinturón de seguridad. Francia. Gustav Desiré.
(1903) Máquina de hacer botellas. U.S.A. M. J. Owens.
(1904) Reloj de pulsera. Francia. Louis Cartier.
(1904) Tubo rectificador de diodo. Inglaterra.
   John Ambrose Fleming.
(1905) Acero inoxidable. Francia. Quillet.
(Aprox.1905) Peine para laciar o estirar el pelo. U.S.A.
   Madam C. J. Walker.
(1906) Girocompás. Alemania.
   Hermann Anschütz-Kämpfe)
(1906) Lámpara termoiónica. U.S.A. Lee de Forest.
(1906) Cine sonoro. Francia. Auguste Lacoste.
(1907) Baquelita. U.S.A. Baekeland, Leo Hendrik.
(1908) Contador Geiger. Alemania. Hans Geiger.
(1909) Salvarsán. Alemania. Paul Ehrlich.
(1910) Hidrogenación del carbón. Alemania.
   Friedrich Bergius.
(1910) Batidora. U.S.A. George Schmidt y Fred Osius.
(1911) Modelo nuclear del átomo. Ernest Rutherford.
   británico-neozelandés

(1911) Aire acondicionado. U.S.A. W. H. Carrier.
(1911) Lámpara de neón. Francia. Georges Claude.
(1912) Lavavajillas. U.S.A. Josephine Garis Cochrane.
(1912) Máscara de gas. U.S.A. Garrett Morgan, quien obtuvo una patente del gobierno norteamericano. Afro americano.
(1913) Refrigerador eléctrico casero. U.S.A. Wright, Fred W. Wolf.
(1913) Acero inoxidable. Inglaterra. Harry Bearley.
(1913) Cadena de montaje. U.S.A. "Ford Company Inc"
(1913) Estatorreactor. Francia. René Lorin.
(1913) Contador para calcular la radioactividad. Alemania. Hans Geiger.
(1914) Cremallera. Gideon Sundback. Suecia.
(1914-16) Teleférico. Madrid, España. Leonardo Torres Quevedo.
(1915) Vidrio termo resistente. U.S.A. Pyrex Corning Glass Works
(1916) Carro de combate. U.S.A. William Tritton.
(1916) Limpiaparabrisas. U.S.A. Mary Anderson.
(1918) Nevera. U.S.A. Kelvinator Company.
(1919) Se fabrica el primer tostador automático con termostato. U.S.A.
(1920) Metralleta. U.S.A. John T. Thompson.
(1920) Secador de pelo. Racine Universal Motor Company.
(1921) Insulina. Inglaterra. John James Rickard con Frederik G. Banting y Charles Best.
(1921) Autopista. Italia. Piero Puricelli.
(1923) Autogiro. España. Juan de la Cierva.
(1923) Bulldozer. Francia. La Plant-Choate Company.
(1923) Semáforo manual. U.S.A. Garrett Morgan. Un poco más de dos años después, General Electric le

compró la patente a Morgan en 40,000 dólares. Afro americano.
(1926) Televisión blanco y negro. Inglaterra.
  John Logie Baird.
(1927) Tostador automático. U.S.A. Charles Strite. Perfeccionó los tostadores eléctricos que aparecieron en 1909.
(1928) Televisión a color. Inglaterra. John Logie Baird.
(1928) Penicilina. Inglaterra. Sir Alexander Fleming.
(1928) Motor de propulsión a chorro Inglaterra.
  Frank Whittle.
(1929) El cinemascope. Francia. Henri Chretien.
(1929) Ciclotrón. U.S.A. Ernest Lawrence.
(1930) Tostadora de pan. McGraw Electric Company.
(1930) Motor turbina de gas moderno. Inglaterra.
  Frank Whittle.
(1930) Microscopio de contraste. Holanda.
  Frits Zernike y Ernst Ruska.
(1932) Radiotelescopio.
(1932) Guitarra eléctrica. U.S.A.
  George Beauchamp y Rickenbacker.
(1932) Caja de cambio de velocidad automática. U.S.A.
  Richard Spikes.
(1933) Polietileno. Inglaterra.
  Reginald Gibson y Eric William Fawcett.
(1933) Grabaciones estéreo. Inglaterra.
  Ernest Ansermet **Alexandre.**
(1933-35) Radar. Inglaterra.
  Rudolph Kühnhold y Robert Watson-Watt.
(1934) Nylon. U.S.A. Wallace Hume Carothers.
(1935) Magnetofón. Alemania. I.G. Farben Co.
(1935) Caucho sintético. Alemania.
(1935) Microscopio electrónico. Alemania.

(1935) Sulfamidas. Alemania. Gerhart Domagk.
(1936) Helicóptero de dos rotores. Alemania.
  Heinrich Focke.
(1938) Fotocopiadora. U.S.A. Chester Carlson.
(1938) Café instantáneo. Suiza. Max Morgenthaler.
(1939) DDT. Suiza. Paul Hermann Müller.
(1939) Motor de combustión interna. U.S.A.
  Frederick M. Jones.
(1939) Congelador. General Electric.
(1940) Reactor nuclear. Roma, Italia. Enrico Fermi.
(1941) Turborreactor. Inglaterra. Frank Whittle.
(1941) Aerosoles. Noruega. Erick Rotheim.
(1942) Equipo de inmersión. Francia.
  Jacques-Yves Cousteau y Emile Gagnan.
(1943) Circuito impreso. Austria. Paul Eisler.
(1943) Turbina de reacción para aviones. Italia. Firma Rolls Royce.
(1945) Bomba nuclear. Estados Unidos.
  Albert Einstein (alemania)
(1945) Lentillas. Bonn, Alemania.
  Edwin Theodor Saemisch.
(1945) Riñón artificial- máquina de diálisis. Holanda.
  Willen Johan Kolff.
(Aprox.1945) Bolsa para plasma sanguíneo. U.S.A.
  Charles R. Drew
(1946) Computador. U.S.A.
  John V. Atanasoff, U.S.A. John Eckert y John Mauchly.
(1946) Calculadora electrónica. U.S.A.
  Universidad de Pensilvania,
(1946) Horno microondas. U.S.A.
  Percy LeBaron Spencer.
(1946) Prensa rotativa. U.S.A. Richard M. Hoe.

(1947) Transistor. U.S.A. John Bardeen y Walter Brattain.
(1947) Holografía. Inglaterra. Dennis Gabor.
(1947) Disco de larga duración. (Long Playing). U.S.A. Goldmark Peter
(1947) Tecnología para telefonía móvil o celular. U.S.A. AT&T y Bell Labs.
(1947) Primer Vuelo Supersónico U.S.A. Yeager Chuck.
(1948) Contador de centelleo. Alemania. Hartmut Kallmann)
(1948) Los transistores. U.S.A. William Shockeley.
(1948) Cinerama. U.S.A. Waller Fred.
(1949) Unidad de aire acondicionado. U.S.A. Frederick M. Jones.
(1949) Avión a chorro. Francia. René Leduc.
(1950) Tarjeta de crédito. U.S.A. Frank X. McNamara, Schneider Ralph y Matty Simmons
(1950) Misil balístico guiado. U.S.A. Braun Wernher von, Ingeniero alemán, nacionalizado estadounidense.
(1954) Píldora anticonceptiva. U.S.A. Rosenkranz G; Sondheimer F.
(1954) Radio transistor. Texa Instrument and Regency Division of Industrial Development Engineering Associates U.S.A.
(1955) Plancha de vapor. U.S.A. Henry Weely.
(1956) Aerodeslizador. Inglaterra. Christopher Cockerell.
(1956) Limpia pisos fregona. España. Manuel Jalón Corominas.
(1956) Motor rotatorio. Alemania. Felix Wanke.
(1956) Central nuclear. Estados Unidos.
(1956) Cinta de video. Inglaterra. Alexander M. Poniatoff.

(1956) Video cámara. U.S.A. Ray Dolby, Ginsberg, Charles, y Charles Anderson.
(1956-60.) Marcapasos. Varios.
(1957) Satélite espacial (URSS.
(1958-59) Circuito integrado (chip) U.S.A. Jack Kilby y Bob Noyce.
(1958) Chupa Chups. Enric Bernat. España.
(1959) Lycra. U.S.A. Joseph Shivers. Dupont Corporation.
(1960) Láser. U.S.A. Theodore Harold Maiman.
(1960) Antiadherentes de teflón. U.S.A. Roy J. Plunkett
(1960) Termostato de control. U.S.A. Frederick M. Jones.
(1961) Cohete espacial. URSS.
(1962) Comunicación vía satélite. Laboratorios Bell.
(1962) Robot industrial. U.S.A. Robert Kanigher y Ross Andru,
(1963) Casete. Holanda. Phillips Co.
(1963) Monopatín. U.S.A. Mickey Muñóz y Phil Edwards .
(1964) Procesador de texto. U.S.A. (I.B.M.)
(1967) Ingeniería genética.
(1967) Minifalda. Inglaterra. Mary Quant.
(1969) Avión Jumbo. U.S.A. The Boeing Company,
(1970) Fibra óptica. U.S.A. Robert Maurer, Donald Keck, Peter Schultz y Frank Zimar. Corning Glass Corporation.
(1970) Calculadora de bolsillo. Texas, U.S.A. Herman Hollerith.
(1970) GPS. Iván Getting. U.S.A. físico e ingeniero electrónico.
(1971) Airbag. empresa alemana Mercedes Benz.
(1971) Robot de cocina. Francia. Pierre Verdon.

*(1971) Reloj digital. U.S.A. Hamilton Watch Company.
Fabricación con pantalla de LED*
(1971) Teléfono celular. U.S.A Henry T. Sampson.
*(1972) Escáner Rayos X. Inglaterra. Gedfrey
Hounsfield.*
*(1972) Video juegos domésticos. Inglaterra.
Nolan Bushnell.*
*(1973) Calculadora de bolsillo. Texas, U.S.A.
Instrument Co.*
*(1974) Código de barras. Dr. Allais y Ray Stevens.
Internet. Corporation.
(el primero del tipo al numérico)*
*(1975) Tomografía axial computarizada. Inglaterra.
Godfrey N. Hounsfield.*
*(1978) Computador personal.
Steve Jobs y SteveWozniakx*
*(1978) Inseminación artificial. España.
(Primer banco de semen destinado a la
inseminación artificial) José Ángel Portuondo.*
(1979) Disco compacto. Holanda. Joop Sinjou.
(1979) Catalizador para automóviles. U.S.A.
(1979) Celular. Japón.
(1980) Cubo de Rubik. Hungria. Ernő Rubik.
(1981) Transbordador espacial. U.S.A. Afro Americano.
*(1981) Notas Post-it. U.S.A. Dr. Spencer Silver.
3M Company*
(1982) Corazón artificial. U.S.A. Jarvick-7
*(1982) Tarjeta inteligente. Juergen Dethloff de
Alemania, Arimura de Japón y Roland Moreno
de Francia.*
*(1900) Presentación de la memoria. Francia.
Leonardo Torres Quevedo. Machines à calculer en
la Academia de Ciencias deParís.*

(1990) Fisión nuclear. U.S.A.

(1991) <u>Click</u> Suecia. (solución para la unión de tablas de suelo sin necesidad de clavos o pegamento).
Christian Erland Harald von Koenigsegg

(1992) Código de caracteres (UTF-8) U.S.A.
Kenneth Lane Thompson y Rob Pike y otros.

(1993) GPS (Sistema de Posicionamiento Global) Departamento de defensa. U.S.A.

(1993) Microprocesador o procesador. (Pentium) U.S.A. INTEL.

(1994) JAVA (Lenguaje de programación). U.S.A. Gosling James.

(1910-1994) politetrafluoroetileno (Teflón) (PTFE) U.S.A. Roy J. Plunkett

(1995) Plastilina. Alemania. Para comercializar su invento, lo dio a conocer en el año 1887 en Faber-Cas tell y, en la actualidad, se sigue vendiendo.

(1995) Internet. Gregory Gromov. (categoría Inventos de U.S.A.)

(1996) Disco compacto. Philips y Sony corporation. Inventos de los Países Bajos)

(1996) DVD. Toshiba. Japón.

(1997) Franklin Rolodex Electronics REX PC Companion; dispositivo portátil de contactos.

(1998) Memoria USB (Universal Serial Bus, IBM U.S.A.

(1999) Gasóleo. Alemania. <u>Rudolf Diesel</u>. (derivado del petróleo o gasoil.

(2000) La cocaína (benzoilmetilecgonina) Alemania. (<u>DCI</u>) es un <u>alcaloide</u> <u>tropano</u> <u>cristalino</u> que se obtiene de las hojas de la <u>planta</u> <u>de</u> <u>coca</u>.
La hoja de coca es la única parte que contiene cocaína.

Anexo #1
Análisis filogenético de los homininos.
Este análisis está relacionado con la filogenia, o la formación y encadenamiento de líneas a través de las cuales evolucionaron estos primates.
Los homininos (Hominina) son una sub-tribu de primates homínidos que se caracterizaban por la postura erguida y la locomoción bípeda. Anteriormente eran considera dos como una familia (Hominidae), y hoy como una sub-tribu (Hominina), de la que actualmente sólo sobrevive el Homo sapiens.
Los Homininas podrían remontarse a cerca de 6 millones de años, siendo entre 6 y 7 millones de años cuando se tendría que dar el ancestro común entre el chimpancé y el ser humano. Se trata de primates adaptados a la vida te rrestre, a caminar erguidos, y también con el cráneo verticalizado. Los fósiles más antiguos de lo homininos se encontraron en el Este de África.
Los chimpancés son los más parecidos a nosotros, y con ellos compartimos un buen índice genético, aunque con ellos tenemos algunas diferencias.
Según datos científicos, el sistema molecular biológico de los homininos ha cambiado los genes; todo esto coincide con los cambios climáticos. El cambio ambiental contri buyó a la extinción de especies, y posibilitó la aparición de los antepasados de los homininos. Hasta hace unos años el hominino más reconocido, era Ardipithecus ramidus, descubierto por el equipo de Tim White, entre 1994-97, en la región etíope de Afar. Esta especie se supone una an tigüedad de alrededor de 4,4 millones de años con una ali mentación parecida a los de los chimpancés; mediría apro ximadamente un metro y un peso de cerca de unos 30kgs. Presenta los caninos notablemente reducidos, y se cree

que representaría una forma elemental de bipedismo. Se considera qué por su forma de caminar, es posible que se pueda afirmar que el <u>eslabón</u> <u>perdido</u> sea una rama colateral del árbol genealógico humano.

En diciembre del año 2,000, algunos estudiosos anunciaron que habían encontrado unos fósiles de homínidos muy antiguos en las colinas de Tugen, cerca del lago Boringo, en <u>Kenia</u>, y que fueron denominados ancestros del milenio. También se encontró un cráneo que se calcula tenga entre 6 y 7 millones de años; se acerca mucho al chimpancé, y tiene rasgos más humanos en su cara.

La breve síntesis anterior pretende reflejar la labor científica que sistemáticamente se sigue realizando, para detallar más, cómo fue la evolución de los primates en los que se incluye al ser humano.

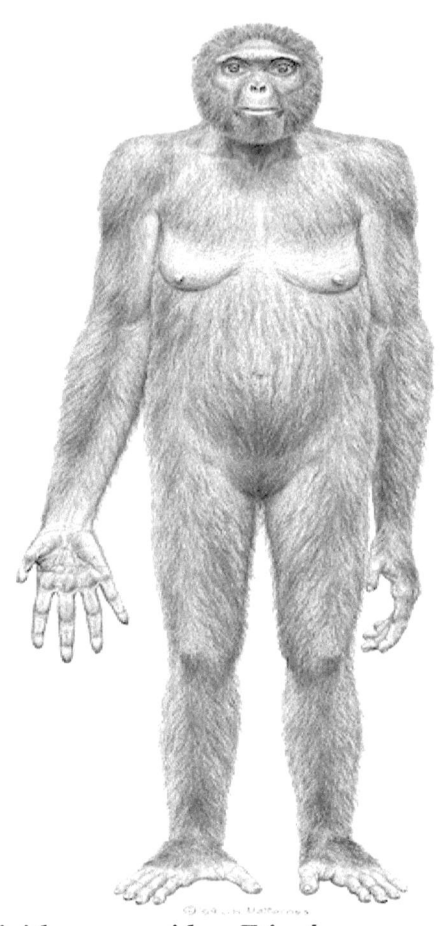

1 Ardipithecus ramidus. <u>Etiopía</u>.
(vivió de 2-4 millones de años) es una especie de australopitecino de la región Afar, en la Etiopía del Plioceno temprano, hace 4,4 millones de años.

2 Ardipithecus ramidus. *Etiopía.*

(vivió de 2-4 millones de años) es una especie de australopitecino de la región Afar, en la Etiopía del Plioceno temprano, hace 4,4 millones de años.

3 Australopithecus afarensis *África* del este.y *Kenia*

(vivió entre los 3 y 3,9 m. de a. África) Era de contextura delgada y grácil, y se cree que habitó solo en África del este *(Etiopía, Tanzania y Kenia)*.

4 *Australopithecus garhi.*
Etiopía. (vivió hace 2,5 m. a. África) es una especie de homido extinto que habitó en la zona de la actual Etiopía hace unos 2,5 millones de años, en el Gelasiense (Pleistoceno inferior).

5 *Australopithecus sediba. Sudáfrica.*
(tienen una datación de entre 1,78 a 1,95 m. de a., viviendo en el Calabriense (Pleistoceno medio)

6 *Australopithecus africanus*. __Sudáfrica__.

la edad biológica de la especie abarca desde
el __Piacenziense__ (__Plioceno__ superior   al __Gelasiense__ __Pleistoceno__ inferior) menos de 3
millones de años de antigüedad hasta más de 2 millones;[2] otras lo datan entre 3,3
y 2,5 millones de años[3]

7 *Paranthropus aethiopicus*.

vivió en __África Oriental__ hace entre 2,6 y 2,2 millones de años
en el __Gelasiense__ (__Pleistoceno__ inferior)

8 *Paranthropus robustus.*
vivió en <u>Sudáfrica</u> hace entre 2 y 1,2 millones de años, en las
edades <u>Gelasiense</u> y <u>Calabriense</u> (<u>Pleistoceno</u> inferior a medio)

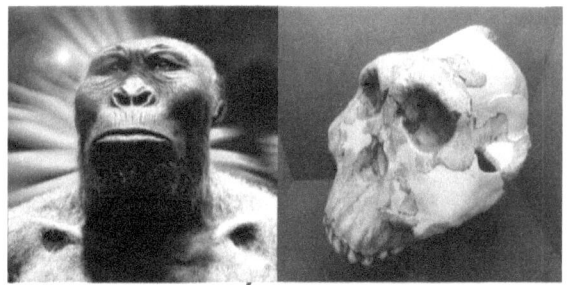

9 *Paranthropus boisei. <u>África Oriental</u>.*
vivió en el <u>Pleistoceno</u> inferior, de hace entre (<u>Gelasiense</u>)
y 1,3 millones de años (<u>Calabriense</u>).[1]

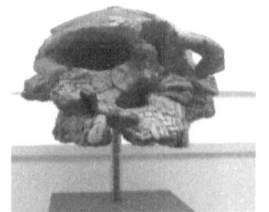 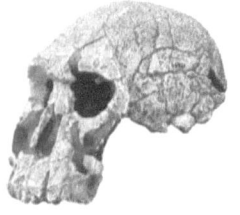

10 *Kenyanthropus platyopes <u>Kenia</u>,*
cercana al Lago Turkana. vivió 3,5 millones de años (<u>Piacenziense</u>, <u>Plioceno</u>)

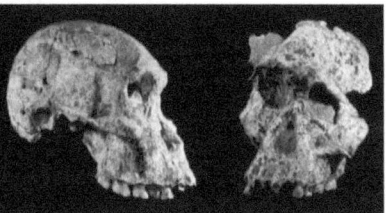

11 Homo gautengensis Sterkfontein,
cerca de Johannesburgo. Sudáfrica.
vivieron en el oriente y el sur de África
en el período entre hace 2 y 1 millón de años".[5]

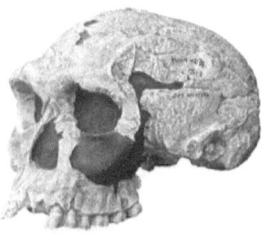

12 Homo habilis Tanzania, África.
Vivió en el Gelasiense y Calabriense (principios y mediados
del Pleistoceno), 2,4 millones de años atrás (Kenia, África)

13 Homo georgicus. Cáucaso, República de Georgia.
Los fósiles han datado entre 1,8 y 1,6 millones de años.

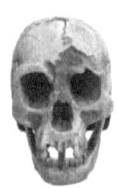  

14 Homo floresiensis
se pensó que habitó hasta hace 12 000 años en la isla Flores de <u>indonesia</u>. Según investigaciones, las fechas se retrasaron a 50,000 años atrás. Publicación en marzo de 2016 en la revista "<u>Nature</u>"

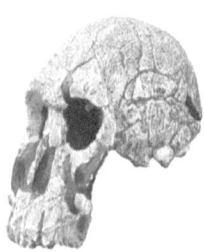 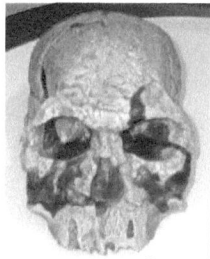 

15 Homo rudolfensis. Este de <u>África</u>.
vivió hace 2 y 1,7 millones de años,[4] en el <u>Gelasiense</u> (<u>Pleistoceno</u> inferior).

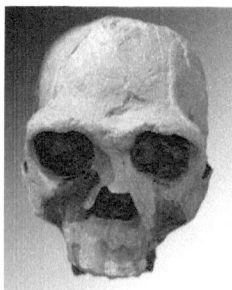 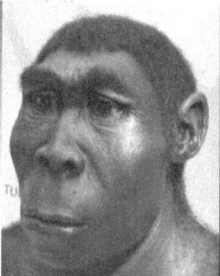 

16 Homo ergaster. <u>África</u>.
vivió entre 1,9 y 1,4 millones de años, en el <u>Calabriense</u> (<u>Pleistoceno</u> medio).

17 Homo erectus
vivió entre 2 millones de años y 70 000 años antes del presente.
(Pleistoceno inferior y medio) Asia oriental (China, Indonesia, y Europa.

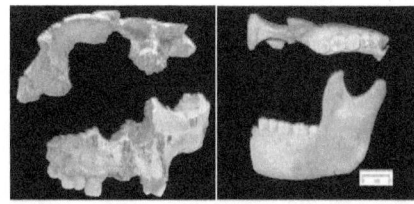

18 Homo antecesor Oeste de Europa. España, Inglaterra, y Francia.
(vivió hace 1,2 m. a. a 800,000 a. el primer hombre europeo) correspondiente al período Calabriense durante el Pleistoceno Temprano.

 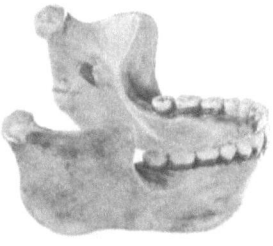

19 Homo heidelbergensis
surgió hace más de 600 000 años y perduró al menos hasta hace 200 000 años
(Ioniense, mediados del Pleistoceno) Heidelberg, Alemania
centro y norte de Eurasia.

20 Hominido de Densinova

vivió entre hace un millón de años y 40 000 años, en áreas en las que también vivían **neandertales** y **Homo sapiens**,[12] aunque su origen se encontraría en una migración (salida de **África**) distinta de las asociadas con humanos modernos y neandertales.[3] **Siberia**

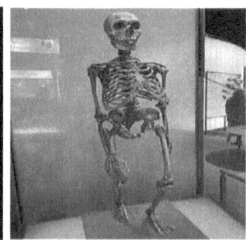

21 Homo neanderthalensis

(apareció en Europa hace 230,000 años, extinguiéndose hace 28,000 años)
*Próximo Oriente Medio, y **Asia** Central*
*durante el final del **Pleistoceno** medio y casi todo el superior.*

22 Homo rhodesiensis

vivió 600 000 hasta 160 000 años antes del presente, durante el **Ioniense**(**Pleistoceno** medio). Actual **Zambia**

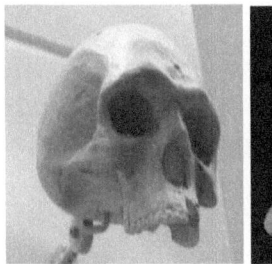 

23 Homo helmei
Las muestras datan 259 000 años antes del presente.[2] África

24 Homo sapiens idaltu. Etiopía.
Dichos fósiles han sido datados con una antigüedad de unos 158 000 años, es decir del **Pleistoceno** Medio.

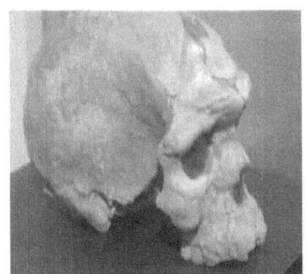 

25 Homo sapiens. Marruecos con 315 000 años de antigüedad
(apareció durante la última glaciación, unos 50,000 años)
Homo sapiens es la única especie conocida del género Homo que aún perdura.

Antropología:

Cromañones: Dicho de un individuo: Del primer grupo de humanos modernos, que apareció en Europa en el Paleolítico superior, coincidiendo con el declive de los neandertales.

Este es el resultado evolutivo del Homosapiens que hemos tenido a través de millones de años.

Anexo # 2
El IPHES investiga herramientas de más de un millón de años en Israel.

Los neandertales se extinguieron por una combinación de factores, entre ellos el estrés poblacional causado por la llegada del Homo sapiens, informa el <u>Instituto Catalán</u> de <u>Paleoecología Humana,</u> y Evolución Social.

(IPHES) **Abric Romaní**
El IPHES y la Universidad de Santiago de Compostela

lo deducen a partir del análisis de 208 restos de pequeños vertebrados hallados en Cova Eirós (Lugo) y los resultados de esta investigación los publica la revista científica Quaternary Science Reviews.

Los micro vertebrados permiten realizar inferencias paleo ambientales y paleo climáticas muy detalladas, puesto que aportan datos muy interesantes sobre el ecosistema que los acogió, como el clima o la vegetación.

Los restos investigados de la Cova Eirós corresponden a los últimos niveles del <u>Paleolítico</u> <u>Medio</u> (de 40.000 años antigüedad) y <u>Paleolítico</u> <u>Superior</u> <u>Inicial</u> (32.000 años) de Cova Eirós.

Este yacimiento arqueológico ubicado en la parroquia gallega de <u>Cancelo</u>, en el concello de <u>Triacastela</u> (Lugo), se ha excavado sistemáticamente desde el año 2008 hasta ahora y ha permitido profundizar en las posibles causas que podrían haber generado la desaparición de los neandertales.

Se ha llegado a la conclusión de que esta especie se extinguió por una combinación de factores, entre ellos el, estrés poblacional causado por la llegada del Homo sapiens a la Península Ibérica, con quien entraría en competencia.

Los investigadores se basan en que las condiciones ambientales y climáticas en las que vivieron las comunidades neandertales en Cova Eirós eran muy semejantes a las que conocieron los primeros humanos anatómicamente modernos.

Era un entorno más frío y lluvioso que el actual, en un período caracterizado por la inestabilidad en cuanto al clima, definido por un progresivo enfriamiento que conduce a la última glaciación.

Cova Eirós, cuyas últimas campañas de excavación se realizan con la financiación de la <u>Consellería</u> de <u>Cultura</u> de la Xunta de Galicia, está emergiendo como un sitio de referencia en el noroeste ibérico.

Las últimas dataciones realizadas en el nivel 3 nos hablan de las últimas poblaciones de neandertales (alrededor de 40.000 años) y en el caso del 2 de los primeros grupos de humanos anatómicamente modernos en este territorio (hace 32.000 años).

<u>Anexo #3</u>
<u>Científicos negros.</u>
La historia de África ya era vieja cuando Europa comen zó a andar. Un maestro de secundaria ghaniano de visita recientemente en Londres, no podía creer que un hombre negro inventó los semáforos. "¿Qué?," preguntó con absoluta incredulidad. "¿Cómo puede un hombre negro haber inventado los semáforos?" Bien, usted puede imaginar la clase de educación que este maestro de secundaria ha impartido, o está impartiendo a sus estudiantes, no por malicia sino por pura ignorancia. ¿Qué clase de educación reciben los africanos? Todos piensan igual que este maestro ghaniano, que los negros "no pueden" inventar nada, sino que compran las invenciones de otros. Bueno, aquí hay algo para ellos.

<u>Introducción.</u>
La siguiente síntesis refleja parte de la recopilación de algunos autores, al referirse a los aportes, e invenciones científicas hechas por hombres negros.
Un nuevo libro de texto, "Científicos e inventores negros", publicado recientemente en Londres por BIS Publi cations, echa por tierra la noción de que las personas ne-

gras no tienen inventiva.

Los autores Ava Henry, y Michael Williams (ambos directores de la filial londinense de BIS Publications), dicen lo sgte:"las personas negras están encontrando cada vez, más difícil de entender por qué, incluso en la era de apertura y liberalismo, caracterizado por Internet, se les si gue negando el reconocimiento debido, a inventores y científicos negros. Y esto ocurre, a pesar de que hay documentación que prueba, que varias invenciones importantes para el mundo, han sido obra de la creatividad de los negros.

Al referirse a las invenciones y los descubrimientos africanos en el pasado, el historiador francés, Count C. Volney, escribió: "Personas ahora olvidadas descubrieron, mientras otros eran todavía bárbaros, los elementos de las artes y de la ciencia. Una raza de hombres ahora rechazada por la sociedad por su piel oscura y su pelo enrulado cimentó en el estudio de las leyes de la naturaleza, esos sistemas civiles y religiosos que todavía gobiernan el universo.

El antiguo Egipto

Hasta en el antiguo Egipto, que era esencialmente un im perio negro cuya gran gloria se ha atribuido maliciosamente a los árabes, los negros fueron los que iniciaron el camino de las ciencias.

Sir J. W. Wilkinson admitió en su libro "Los antiguos egipcios" (1854) que los antiguos egipcios, poseyeron un considerable conocimiento de la química y del uso de óxidos metálicos, como quedó evidenciado en los colores apli cados a sus piezas de vidrio y porcelana.

En su libro "Antiguo Egipto: la Luz del Mundo" (1907), Gerald Massy admitió que Imhotep, el multifacético genio negro, fue el verdadero "padre de la medicina" y no, como se sostiene erróneamente, el médico griego Hipócrates. Imhotep era un antiguo egipcio, que vivió apróximadamente en el 2300 antes de Cristo. Los documentos muestran que tanto Grecia como Roma tomaron sus conocimientos de él. Él era venerado en Roma, como el "Príncipe de la Paz en la forma de un hombre negro". También; fue un arquitecto adelantado a su tiempo y sirvió como primer ministro del rey Zoser.

Hipócrates, el llamado "padre de la medicina", vivió 2000 años después de Inhotep. Sin embargo, todavía el juramento tomado a los médicos de la era moderna, observa un código de ética médica basada en Hipócrates y no en Inhotep. Este rechazo o falta de reconocimiento de las invenciones y descubrimientos de los negros, es la razón por la que algunas personas pueden decir que los negros no han inventado nada. Invenciones tales como el <u>papel</u>, la elaboración de <u>zapatos</u>, las bebidas <u>alcohólicas</u>, los <u>cosméticos</u>, las <u>bibliotecas</u>, la <u>arquitectura</u>, y muchos más, han sido obra de personas negras, mucho antes del florecimiento de Europa.

Arthur Weigall ("Personalidades de la Antigüedad", publicado en 1928) admite que Akhenatón, el monarca negro del antiguo Egipto, fue la primera persona en predicar la creencia en un Dios todopoderoso, todo amor. "En los primeros años de su reinado escribe Weigall, cuando todavía era un muchacho, Akhenaton promulgó una doctrina que estaba en su aspecto exterior un culto del poder invisible e intangible, llamado Aton. Se hacía visible para la humanidad en la luz del sol, generadora de vida, pero en su significado más profundo, simplemente era la creencia en un único Dios, todopoderoso, padre de todas las criaturas vivientes, y por quien todas las cosas tenían su razón de ser."

Sobre Akhenaton, J. A. Rogers ("Los grandes hombres de color del mundo") escribió: "Siglos antes del rey David, él escribió salmos tan bonitos como aquéllos del monarca judío. Trescientos años antes de Cristo, Akhenatón predicó y vivió un evangelio de amor perfecto, hermandad y verdad. Dos mil años antes de Mahoma, él enseñó la doctrina de un solo Dios. Tres mil años antes que Darwin, él se dio cuenta de la unidad que atraviesan todas las cosas vivientes."

Cuando Akhenaton predicaba su creencia en solo Dios todopoderoso, era considerado un hereje. Así, la creencia moderna en un Dios omnipotente, tan cara para cristianos, judíos, y musulmanes, en verdad es una consecuencia del pensamiento de Akhenaton, cuyos orígenes son muy anteriores a la era judeeo cristiana.

<u>*Más invenciones de hombres negros.*</u>

En la era Romana, un hombre negro ahora olvidado, <u>Tiro</u> (nacido hacia el 103 antes de Cristo) fue el inventor de la <u>escritura taquigráfica.</u>

Varios historiadores han recordado a Tiro como secretario de Marco Tulio Cícero. Cícero amaba dictar sus cartas a Tiro, que las escribía en <u>taquigrafía</u>. ¿Cuántos siglos pasaron desde el año 103 antes de Cristo hasta el 1837 de nuestra era, cuando el inglés Isaac Pitman "inventó" su taquigrafía?

Otro historiador, Charles Rollin, cuenta que los egipcios, a raíz de las inundaciones provocadas por el Nilo, estaban obligados a medir, a menudo, su país y para ese propósito idearon un método que dio origen a la geometría. Ese método pasó de Egipto a Grecia, y se cree que fue Thales de Mileto quien lo llevó en uno de sus viajes. Y si algo faltaba para asombro del maestro ghaniano, Esopo, por qué vivió en el siglo VI antes de Cristo, también era negro. según Planudes el Grande, en el siglo XIV, un mon je a quien le debemos la forma actual de las fabulas de Esopo, lo describió "con labios gruesos y piel negra".

La influencia de Esopo en el pensamiento y la moral occidental es profunda. Platón, Sócrates, Aristófanes, Shakespeare, La Fontaine y otros grandes pensadores se inspiraron en su sabiduría.

<u>*La Era Moderna*</u>*. (Tomado de: Black Inventors' Online Museum™)*

Resulta <u>indudable</u>: la invención de los semáforos en la era moderna, fue hecha por un <u>afroamericano</u>.

<u>*Garret Morgan*</u>*, nacido en Kentucky, EE.UU., el 4 de marzo de 1877, inventó el <u>sistema automático</u> de <u>señales</u> de <u>tránsito</u> en <u>1923</u>, y después vendió los derechos a la corporación General Electric por $40.000. Morgan, el séptimo de 11 hermanos, sólo tenía una <u>educación escolar elemental</u>, pero era extremadamente inteligente.*

Comenzó su vida laboral como <u>técnico</u> de <u>máquinas</u> de <u>coser</u> y rápidamente <u>inventó</u> un <u>sistema</u> para perfeccionar las máquinas, que vendió en 1901 en menos de $50. <u>Morgan</u> también inventó la primera <u>máscara</u> de <u>gas</u> en 1912, por la que obtuvo una patente del gobierno norteamericano. Seguidamente puso una <u>compañía</u> para <u>fabricar</u> las máscaras. Inicialmente el negocio fue bueno, sobre todo durante la Primera Guerra Mundial, pero cuando los clientes descubrieron que él era negro, las ventas empezaron a disminuir.

Morgan intentó engañar a sus clientes racistas inventando una crema que se aplicaba para alisar el pelo, y pasar como un indio de la reservación Walpole, en Canadá. Murió en 1963, a los 86 años.

Elijah McCoy. Había nacido el 2 de mayo de 1843 en Colchester, Ontario, Canadá. Sus padres habían escapado de la esclavitud de América del Sur y fueron a vivir a Canadá con sus 12 niños. De joven Elijah, fue bueno para la mecánica. Después de estudiar en Edimburgo (Escocia) regresó a Canadá, pero no podía encontrar trabajo. Terminó en EE.UU., donde consiguió empleo como operario ferroviario en Detroit, Michigan. Era encargado de engrasar las maquinarias. McCoy se planteó a desarrollar un sistema de engrase que no obligara a parar el funcionamiento de las máquinas, y en 1872 inventó un sistema de goteo para máquinas de vapor que permitió engrasarlas durante la marcha. Cuando murió, en 1929, McCoy tenía más de 50 patentes a su nombre, inclusive una mesa de hierro y un rociador de césped. Su dispositivo de engrase para las máquinas de vapor cimentó la revolución industrial del Siglo XX.

Los inventores negros de EE.UU.

No solamente en los Estados Unidos, miles de inventores y científicos negros han contribuido enormemente al desarrollo nacional, si no también, al desarrollo mundial, sin ningún reconocimiento. La siguiente es una pequeña muestra de los inventores negros de los Estados Unidos, en la era moderna: ("Famous Black Inventors").

En medicina, Charles R. Drew fue el pionero en el desarrollo del banco de sangre. En 1940, su trabajo con el plasma y el almacenamiento abrió el camino para el desarrollo de los bancos de sangre en los Estados Unidos.

En 1935, el doctor William Hinton publicó el primer libro de texto médico escrito por un afroamericano, basado en investigación en sífilis.

El físico Lloyd Quarterman jugó un papel crucial en el

equipo científico norteamericano que desarrolló el primer reactor nuclear en los años treinta e inició la era atómica en el mundo.

Otro físico, Robert E. Shurney, desarrolló los neumáticos de malla de alambre para el robot de la Apolo XV que alunizó en 1972.

<u>*George Washington Carver, un genio agrícola, desarro-*</u>*lló nuevos métodos de cultivo que salvaron la economía del sur de los Estados Unidos, en los años veinte. En 1927 hizo inmensas mejoras al proceso de fabricación de pintu ras y colorantes. También investigó ampliamente en la tie rra y las enfermedades de las plantas. Desarrolló 325 pro ductos derivados del maní, entre ellos tintas, alimentos y productos cosméticos.*

Jan Ernst Matzeliger (1852-1889) inventó la "máquina sin fin" que impactó grandemente en la industria de la za patería del mundo. Obtuvo una patente del gobierno en 1883. Luego vendió los derechos a la firma <u>Consolidated Hand Method Lasting Machine</u> Co. Cuando murió, en 1889, tenía otras 37 patentes a su nombre. Estados Unidos lo honró en 1992 con una estampilla de correo con su retrato.

El doctor Ernest E. Just (1883-1941) estudió la fertilización y la estructura celular del huevo antes de la Primera Guerra Mundial. Él le dio al mundo la primera visión de la arquitectura humana, al explicar cómo trabajan las células.

Granville T. Woods (1856-1910) inventó un nuevo transmisor del teléfono que revolucionó la calidad y distancia a la que podía viajar el sonido.

La compañía de teléfono Bell compró la patente del señor Woods, cuyo trabajo más memorable fue la mejora que logró para los ferrocarriles. Primeramente, él inventó el "sistema de telegrafía ferroviario", que permitió enviar mensajes de tren a tren, pero en 1888 mejoró su invento con un sistema que permitió electrificar los trenes.

Algunos otros <u>inventores</u> <u>negros</u> son los siguientes. <u>Ri-Spikes</u> desarrolló la caja de cambios automáticos para los automóviles, en 1932.

George Carruthers, un astrofísico de la NASA, desarrolló la cámara remota ultravioleta que se usó en la misión del Apolo XVI, y que permitió al mundo tener una visión de los cráteres de la luna en los años setenta. Su combinación de telescopio y cámara es aún usada en las misiones de los transbordadores.

En 1986, la doctora Patricia E. Bath, una oftalmóloga estadounidense, inventó un dispositivo láser que se ha usado desde entonces en la cirugía de catarata.

En 1989, el doctor Phillip Emeagwali, un inmigrante nigeriano, en los EE. UU., realizó el cálculo de computadora más rápido del mundo, una asombrosa operación de 3.100 millones de cálculos por segundo. Su aporte ha cambiado la manera de estudiar el calentamiento global, y las condiciones del tiempo, y también ha ayudado a determinar, como el petróleo fluye bajo la tierra.

El doctor Daniel Hale Williams, fue el primero en realizar, en 1893, una operación de corazón en un hombre.

El químico Percy L. Julian, "uno de los más grandes científicos del siglo XX", según la revista Ébano, abrió el camino para el desarrollo del mal de Alzheimer, y del glaucoma con sus experimentos en 1933. Según Ébano, "su investigación en la síntesis de la fisostigmina, una droga para tratar el glaucoma, determinó que mejorara la memoria de los pacientes del mal de Alzheimer, y sirvió como antídoto del gas nervioso.

Benjamin Banniker, según la revista Ébano, "fue el pri-

mer inventor afroamericano notable. Él hizo el primer reloj en los Estados Unidos de América y realizó experimentos en astrología. Después, fue asistente del francés LaFlan, quien planificó la ciudad de Washington. Cuando LaFlan dejó el país, desencantado con los norteamericanos, Banniker recordó los planos y se convirtió en el verdadero responsable del diseño de la ciudad, una de las pocas en los Estados Unidos con calles suficientemente anchas, como para permitir el paso de 10 automóviles al mismo tiempo."

Fuente: Científicos negros e Inventores, editado en el Reino Unido por BIS Publications.

4* *Relación cronológica adaptada de los siguientes documentos:*

    b. *www.profesorenlinea.cl-Registro N°188.540*

    c. *Black Inventors' Online Museum. African-American Inventors.*

Glosario

A

Ábaco: Instrumento que sirve para realizar cálculos aritméticos.

Acequia: Canal pequeño por donde se conduce el agua para regar.

Acero inoxidable: Acero especial resistente a los diversos corrosivos a temperatura ambiente o moderada (300°C)

Acetato: Fibra artificial obtenida por la acción del anhídrido y el ácido acético sobre la celulosa.

Aeolipia: Primera máquina de vapor.

Aerodeslizador: Vehículo que se desliza sobre un colchón de aire que él mismo produce.

Aerosol: Liquido embasado a presión en un recipiente, que se proyecta en el aire en forma de partículas muy pequeñas. Sin. Spray.

Algodón-pólvora: Explosivo compuesto de nitrocelulosa, que se obtiene al tratar el algodón con una mezcla de ácido nítrico y sulfúrico.

Algoritmo: Matemático y astrónomo persa (Creó la resolución metódica de problemas de algebra y cálculo númerico mediante una lista bien definida, ordenada y finita de operaciones.

Airbag: Bolsa inflable y flexible que amortigua el impacto de los ocupantes de un automóvil en caso de choque.

Alimento en conserva autocalculable: Sustancia alimenticia esterilizada y envasada herméticamente que en virtud de cierta preparación se conserva durante mucho tiempo y siguiendo determinadas instrucciones se puede auto calentar.

Amonio: Radical-NH_4 que entra en la composición de las sales derivadas del amoniaco.

Antiadherente de teflón: Que impide la adherencia al teflón o materia plástica flúorada que es muy resistente al calor y a la corrosión.

Arnés: Armadura de guerra. Arreo, guarniciones de las caballerías o animales de tiro.

Aspirina Medicamento analgésico y febrífugo, compuesto de ácido acetil salicílico.

Astrolabio: Instrumento que se utilizaba para observar la posición de los astros y determinar su altura sobre el horizonte.

Autogiro: Aeronave sustentada por el movimiento circular de un rotor que gira libremente bajo la acción de la co rriente de aire creada por el desplazamiento horizontal del aparato que lleva su nombre.

Autopista: Vía asfaltada con calzadas separadas para la circulación rápida de automóviles, con accesos especial-

mente dispuestos y exenta de cruces a nivel.

<u>Avión jumbo</u>: Avión comercial de gran capacidad.

<u>**B**</u>

<u>Barometro</u>: Instrumento para medir la presión atmosferica.

<u>Barrena</u> <u>sembradora</u>: Barrena que adjunta a un tractor para sembrar cereales, semillas, etc.

<u>Baquelita</u>: (Marca registrada) Resina sintética obtenida mediante la condensación de un fenol con el aldehído fórmico, que se emplea como el sucedáneo del ámbar, el carey, etc.

<u>Bifaz</u>: Prehistoria. Herramienta retocada en las dos caras, característica del paleolítico inferior y medio. Plur: Bifaces.

<u>Bomba</u> <u>nuclear</u>: Bomba cuya potencia explosiva se basa en la energía nuclear.

*<u>Botella de vacio</u>: Inventada por sir Jame Dewar.
(1842 Escosia; 1923-Londres). Fue un químico y físico británico. Logró la licuefacción del hidrógeno y el fluor, e inventó el recipiente aislante para la conservación de los gaces líquidos.*

<u>Bulldozer</u>: Máquina niveladora constituida por un tractor oruga muy potente, provisto de una fuerte pala de acero en la parte delantera.

C

Café instantaneo: Se dice del café deshidratado que se pre para disolviéndolo en agua o leche, generalmente caliente.

Cadena de montaje: Conjunto de puesto de trabajo que participa en la fabricación de un producto industrial, especialmente concebido para reducir los tiempos muertos.

Calculadora de bolsillo: Se dice de la máquina para el tra tamiento de la información capaz de efectuar operaciones aritmética y lógicas de manera automática y que se puede llevar en un bolsillo.

Campana de buceo: Instalación que se utiliza para trabajar debajo del agua.

Caperuza: Pieza que cubre o protege la extremidad de algo. SIN: Capucha, capuchón.

Celular. Los primeros celulares creados en Japón.

Carro de combate: Vehículo automóvil blindado y provisto de cadenas, armado con cañones, ametralladoras etc.

Catálisis: Modificación de la velocidad de una reacción química, por ciertos cuerpos que se encuentran sin alteración al final del proceso.

Catalizador: Para automóviles. Cuerpo que provoca una catálisis.

Caucho cintético: Grupo de sustancias obtenidas por polimerización, y que poseen las propiedades elásticas del caucho natural.

Celula fotoelétrica: Dispositivo que transforma la luz en corriente eléctrica.

Cemento Portland: Cemento muy resistente que contiene al menos un 65% de Clinker.

Central nuclear: Instalación para la producción de energía nuclear.

Cerilla de fricción: Fosforo para encender.

Cinescopio: Cámara cinematográfica que registra las imágenes catódicas de la televisión, para la ulterior repetición de una emisión en directo.

Cine sonoro: El cine en que las proyecciones se acompañaban con música (piano u orquesta)

Cinematografo: Aparato que proyecta imágenes en movimiento sobre una pantalla.

Cinta de video: Cinta magnética de material plástico en que se registran sonidos e imágenes que después pueden reproducirse mediante un aparato adecuado.

Cinturón de seguridad: Dispositivo destinado a mantener en su asiento a los pasajeros de un avión, automóvil, etc en caso de accidente.

Circuito impreso: Circuito montado sobre un soporte ais lante.

Circuito integrado: Pastilla de silicio en la que se encuentran transistores, diodos y resistencias formando una función electrónica compleja miniaturizada.

Cirugía antiséptica: Que previene contra la infección.

Contador de centelleo: Instrumento que sirve para detectar, y contar las partículas emitidas por un cuerpo radio activo.

Cremallera: Sistema de cierre flexible consistente en dos tiras de tela con hileras de pequeños dientes metálicos o plásticos.

Clinker: Producto que se obtiene de calcinar un crudo de cemento durante el tiempo necesario para que sus elementos se combinen totalmente. Sin: clinca.

Cero: Número cardinal.

Código de barra: Código consistente en un conjunto de trazos verticales de distinto grosor y número que sirven para identificar algo, especialmente un producto.

Código de Morse: (De S. Morse, inventor norteamericano) Código de comunicación telegráfica. Desde el primero de febrero de 1999, el código Morse ha sido sustituido por un sistema de satélites para las comunicaciones marítimas.

Cohete espacial: Conjunto constituido por el motor cohete, y el aparato al que sirve de vehículo (proyectil, satélite, etc.

Computador personal: Computadora que permite realizar un tratamiento completo de la información, y trabajar con ella autónomamente sin estar conectado a una red informática (se abrevia p.c. = computadora personal.

Cliché: Soporte material sobre el que ha sido grabado un texto o imagen para su reproducción: Cliché fotográfico; cliché tipográfico.

Chupa Chups. fabricación y venta de caramelos con palo.

Colodión: s.m. (del gr. Collóde, pegajoso). Solución de nitrocelulosa en una mezcla de alcohol y éter que se utiliza en fotografía, farmacia, etc.

Computador: Que computa o calcula.

Comunicación vía satélite: Comunicación que se realiza mediante la transmisión a distancia de mensajes hablado, sonido, imágenes o señales convencionales a través de un satélite artificial.

Cóncava: (o) Se dice de la línea o superficie curva que res pecto del que la mira tiene su parte más deprimida en el centro.

Congelador: Aparato utilizado para la congelación y conservación en tal estado de alimentos y otras sustancias.

Contador: Geiger (1882-1945). Jans Geiger: Físico alemán. Después de unas series de investigaciones en física nuclear, en 1913 inventó junto con Rutherford el contador de partículas que lleva su nombre.

Copra: Médula del coco de la palma partida en trozos y disecada que se utiliza para la extracción de aceite de coco.

Corazón artificial: Corazón hecho o creado por el ser humano.

Cuchilla de seguridad: Cuchilla que posee un dispositivo de seguridad o mecanismo que asegura su buen funcionamiento.

Cupro amoniacal: Solución amoniacal de óxido de cobre que disuelve la celulosa.

Casette: Pequeña caja de plástico que contiene una cinta magnética enrollada en dos bobinas, y dispuestas de forma que pueda ser grabada y reproducida al ser introducido el conjunto en el aparato adecuado.

D

Daguerrotipo o fotografía: Dispositivo que permite registrar una imagen sobre una placa yodada superficialmente.

DDT: (Paul Hermann), Olten 1899-Basilea 1965. Bioquímico suizo, que inventó el DDT (Premio Nobel de Fisiología y Medicina 1948)

Dinamita: *Sustancia explosiva inventada por Alfred Nobel, que está compuesta por nitroglicerina y un cuerpo absorbente que convierte al explosivo en estable.*

Dinamo: *Máquina que transforma la energía mecánica en energía eléctrica, en forma de corriente contínua.*

Dirigible: Que puede ser dirigido.

Disco compacto: *(C.D.): Disco que utiliza la técnica de grabación digital del sonido.*
DVD. *(Digital Versatile Disc)*

E

Entretenimiento *(industria de…)*
*Walt Disney fue un notable dibujante, productor y director de cine estadounidense. Fue pionero del dibujo animado y logró fama mundial con la serie de Mickey Mouse (1928), y largo metraje como Blanca nieves y los Siete Enanitos (1937), Fantasía (1940) Bambi (1942), y Alicia en el país de las Maravillas (1951). Fundó un Imperio Comercial **(Disneyland)**, parque de atracciones, situado cerca de Anaheim, California; éste fue inaugurado en 1955. Es el parque temático de la sociedad Walt Disney.*
Le siguieron:
Walt Disney World Resort (Orlando, Florida, 1971)
Tokyo Disneyland (1983)
Euro Disney (Marne-la-Vallée, Francia. 1992)

Equipo de inmersión: *Equipo que puede sumergirse.*

Escaner: *Aparato de teledetección capaz de captar, gra-*

cias a un dispositivo que opera por exploración las radia ciones electromagnéticas emitidas por superficies extensas. Aparato que sirve para digitalizar un documento.

Esclusa: Obra construida en las vías de agua; compuerta de entrada y salida que permite a los barcos franquear un desnivel (abrir) llenando de agua o vaciando el espacio comprendido entre dichas puertas.

Espectroscopio: Aparato destinado a observar los espectros luminosos.

Espectro: Conjunto de las líneas resultantes de la descom posición de una luz completa.

Esterotipia: Art. Graf. procedimiento que consiste en imprimir composiciones tipográficas con planchas fundidas en lugar de moldes compuestos de letras sueltas.

Estilográfica: Se dice de la pluma cuyo mango contiene un depósito de tinta.

Esquiladora: Se dice de la máquina que sirve para esquilar. Esquilar, cortar el pelo, bello, o lana de un animal.

Estetoscopio: Instrumento médico que sirve para auscultar, formado por un disco pequeño de metal unido a un tu bo que se bifurca en dos auriculares.

Estereofonia: Técnica de la reproducción de los sonidos registrados, o radio difundidos, caracterizada por la reconstitución espacial de las fuentes sonoras.

Estufa: Aparato que sirve para calentar un lugar cerrado.

Estatorreactor: propulsor de reacción sin órgano móvil, constiuido por una tobera termo propulsiva.

Etileno: Hidrocarburo gaseoso incoloro, ligeramente oloroso, obtenido a partir del petróleo y que se encuentra en la base de muchas síntesis.

F

Fibra óptica: Filamento de sílicis, vidrio u otro material dieléctrico.

Fisión nuclear: División del núcleo de un átomo pesado (uranio, plutonio, etc) en dos o varios fragmentos, causado por un bombardeo de neutrones con liberación de una enorme cantidad de energía y varios neutrones.

Fonógrafo: Aparato que reproduce y registra el sonido.

Fósil: Que se saca cavando la tierra. Se dice del resto orgánico, o trazas de actividad orgánica, tales como huellas, o pisadas de animales, que se han conservado enterrados en los estratos terrestres anteriores al periodo geológico actual.

Fotocopiadora: Máquina para hacer fotocopia.

Frigorífico: Que produce frío.

G

Galvanometro: Instrumento que sirve para medir la intensidad de las corrientes eléctricas débiles, mediante las desviaciones que se imprimen a una aguja imantada o a un cuadro conductor colocado entre el entre hierro de un imám.

Gato hidráulico: Un gato hidráulico tiene un cilindro en la base con un pistón, y el agua (o a veces aceite) se bombea en el fondo del cilindro.

Gelinita: Explosivo.

Giroscopo: Aparato formado por un rotor de masa elevada que animado de un movimiento de rotación alrededor de uno de sus ejes, puede ser desplazado de cualquier forma sin que la dirección de su eje de rotación resulte modificada.

Girocompas: Aparato de orientación que contiene un giroscopio accionado eléctricamente, y cuyo eje conserva una dirección invariable.

CPS(Global Positioning System, (Sistema de Posicionamiento Global)

Goma sintética: Caucho sintético.

Grabaciones estéreo: Estereofonico: Grabación estéreo; sistema estéreo.

Gramófono: Aparato que produce las vibraciones sonoras

grabádas sobre un disco plano.

<u>Guitarra</u> <u>eléctrica</u>: Guitarra en que la vibración de las cuerdas es captada por un electroimán y amplificada por un equipo electrónico

<u>**H**</u>

<u>Helicóptero</u> <u>de</u> <u>dos</u> <u>motores</u>: Gira avión cuyo rotor o rotores aseguran a la vez la sustentación y traslación durante el vuelo.

<u>Hidrogenación</u>: Operación que consiste en fijar hidrógeno en un cuerpo.

<u>Higrómetro</u>: Aparato para medir el grado de humedad del aire.

<u>Hipodérmica</u>: Relativo a la hipodermis que es la parte pro funda de la piel.

<u>Hojalata</u>: Chapa delgada de hierro o acero suave, revestida de estaño por ambas caras. Sin. lata.

<u>Holografía</u>: Método de fotografía tridimensional que utiliza las interferencias producidas por dos rayos láser, uno procedente directamente del aparato productor, y el otro reflejado por el objeto a fotografiar.

<u>Hormigón</u>: s.m. Aglomerado artificial de piedras menudas, grava y arena, cohesionadas mediante un aglutinan te hidráulico, utilizado en construcción. SIN. : Calcina.

Hormigón armado. Hormigón que envuelve armaduras

metálicas destinadas a resistir esfuerzos de tracción o de flexión.

Hormigón asfaltico. Mezcla de granulado mineral y de as falto o masilla asfáltica.

Hormigón celular, o alveolar.

Hormigón ligero: constituido por una mezcla de ligantes hidráulicos, y de agregados finos que han sufrido un trata miento destinado a agrupar en las masas numerosos poros esféricos. Hormigón pretensado.

Hormigón armado: en el que la introducción artificial de tensiones internas permanentes compensa las tensiones externas a las que está sometido el hormigón en servicio.

<u>Horno microondas</u>: Horno de cocina muy rápido en el que el calor está generado por ondas de alta frecuencia (también horno de microonda).

I

<u>Indo o Indos,</u> en sánscr. Sindhu, río de Asia que nace en el Tibet y desemboca en el mar de Arabia formando un amplio delta; 3,040 km. Atraviesa Cachemira, Pakistán. Sus aguas se utilizan para el regadío.

<u>Ingeniería genética</u>: Conjunto de técnicas que permite la recombinación fuera de un organismo de cromosomas per tenecientes a organismos diferentes.

<u>Inodoro(drenaje),</u> son del periodo yayoí, Japón. Esos sis-

temas se usaban en instalaciones más grandes.

Insulina: Hormona que disminuye la glucemia. Se emplea en el tratamiento de la diabetes.

Imperdible: Alfiler de seguridad, doblado formando resorte, y con uno de sus extremos rematado por una caperuza, en la que se introduce el otro extremo, terminado en punta, de modo que no puede abrirse fácilmente.

Impermeable: Se dice del cuerpo que no puede ser atravesado por la humedad o por un líquido.

Inseminación: Llegada del semen del macho al óvulo de la hembra para fecundarlo.

Internet: (Voz anglo americana, abrev. De International network). Red telemática internacional que procede de una red militar norteamericana Arpanet, creada en1969 que es fruto de la interconección de múltiples redes que utilizan un mismo protocolo de comunicación (www. o web)
Todo usuario de una computadora personal provista de un modem se puede conectar a Internet a través de un ser vidor. Los servicios que ofrecen son la consulta de información (Sitios web), la mensajería electrónica, el comercio electrónico, etc.

K

Kenetoscopio: s.m. Aparato proyector de imágenes, inventado por Tomás Alva Edison en 1890, que permite observar las fases sucesivas de un movimiento, y que es el precursor del cinematógrafo.

L

Lámpara de neón: Se emplea para la iluminación en tubos luminiscentes.

Lámpara de seguridad: Lámpara que se utiliza en una atmósfera susceptible de explosión.

Lámpara termoiónica: Lámpara que emite electrones por un conductor eléctrico calentado a temperatura elevada.

Lanzadera automática: Instrumento del telar para hacer pasar los hilos de la trama por los de la urdimbre en un te jido.

Láser: (Acrónimo del ingl. Light amplification by stimu lated emission of radiation, amplificación de la luz por emisión estimulada de radiación). Aparato que genera un haz de luz coherente en el espacio, y en el tiempo de múlti ples aplicaciones. (Investigación científica, armamento, medicina, telecomunicaciones, industria, etc)

Lente acromática: Lente sin color.

Lente cóncava: Nicolás de Cusa inventa lentes cóncavas para tratar la miopía.

Lentillas: Lentes de contacto.

Linotipia: Máquina de componer que funde los tipos por líneas enteras. (Linotype = ingl, del inglés; contracción de line o type, línea tipográfica.

Limpiapisos: Se dice del producto o persona que sirve para limpiar la superficie por la que se anda o camina, especialmente la del interior de una casa o edificio.

Linóleo: Cubierta que sirve para pavimento.

Litografía: Técnica de impresión que consiste en trazar un dibujo, texto, etc, con tinta o lápiz graso, sobre una piedra caliza o una plancha metálica.

LL

Lupa: Lente convergente que amplía los objetos.

Lycra: (Marca registrada) Tejido sintético de gran elasticidad que se utiliza en la confección de algunas prendas, como medias o trajes de baño.

Llanta neumática: Cerco metálico de las ruedas de los vehiculos. Fleje. Pieza de hierro plana, larga y mucho más amcha que gruesa. Amér. Cubierta de caucho de una rueda, neumático.

M

Magnetofón o magnetófono: Aparato de registro y reproducción del sonido por imantación remanente de nacinta magnética.

Marcapaso(os): Aparato eléctrico destinado a provocar la contracción cardiaca cuando ésta deja de efectuarse nor-

malmente.

Margarina: Sustancia grasa comestible de consistencia blanda, elaborada con diversos aceites y grasas, casi siempre vegetales (mani, soya, copra y otros).

Mecano: Juguete consistente en una serie de ruedas, pasadore y piezas perforadas metálicas que pueden ser combinadas de diversas maneras y armadas con ayuda de tornillos, para construir con ellas diferentes objetos a escala reducida.

Microscopio: Instrumento óptico compuesto de varios lentes que sirve para observar objetos muy pequeños.

Microscopio de contraste: An009sterdam 1888-Narden1966. Fisico nerlandés. Ideó el microscopio de contrastes de fases que permite hacer visible detalles totalmente transparentes. (Premio Nobel 1953).

Minifalda: Falda muy corta.

Misil balístico guiado: Misil que se desplaza como un proyectil auto propulsado que lleva una carga explosiva y cuya trayectoria puede ser guiada por procedimientos electrónicos.

Mesopotamia, ant. Región de Asia Occidental, entre el Tigris y el Éufrate, que se corresponde en su mayor parte al actual Irak. Fue uno de los más brillantes núcleos de civilización entre el VI y el I milenio a.C.

Metralleta: Arma de fuego automática, individual y por tá

til.

Monopatín: Patín de una sola rueda.

Morfología (Del griego morphé, forma, y logos, y tratado). Parte de la biología que estudia la forma y la estructura de los seres vivos.

Motor rotatorio: que tiene movimiento circular.

Multieje: Muchas varillas o barras que atraviesan un cuerpo giratorio.

N

Negativo fotográfico: Imagen que se forma al revelar un cliché fotográfico y cuyos tonos claros y oscuros se hallan invertidos.

Nitrocelulosa: Éter nítrico de la celulosa, base del colodión y de las pólvoras sin humo.

Nylon: Fibra textil sintética (Marca registrada a base de resina poliamida.

O

Oca. Sin. Juego de la Oca: Juego de mesa que consiste en hacer avanzar una ficha según el número que sale al tirar un dado, por un tablero de 63 casillas dispuestas en espiral. (Cada casilla tiene un dibujo distinto que indica lo que debe hacer cada jugador; gana el jugador que llega primero a la casilla 63).

Octante: Arco de 45°, o en un círculo o en una esfera.

Oftalmoscopio: Instrumento para examinar el interior de los ojos.

Oruga: Banda sin fin, formada por una cinta continua de caucho armado, o por placas metálicas articuladas, que se interpone entre el suelo y las ruedas de un vehículo para que este pueda avanzar por terrenos blandos o accidentados.
El órgano, es un instrumento construido de caña, accionado por agua; llamado hidraulus,

P

Pavimento: Revestimiento del suelo para que este quede llano, firme y resistente. Material con que se pavimenta el suelo.

Pasteurización o pasterización: Operación que consiste en calentar un líquido alimenticio a una temperatura in ferior a su punto de ebullición, Para destruir los gérmenes patógeno sin alterar demasiado el sabor de las vitaminas.

Plancha de vapor: Utensilio para alisar y desarrugar las prendas de ropa, que consiste en una base metálica que se calienta, generalmente mediante energía eléctrica con un dispositivo que se le echa agua para la producción del vapor, y un asa en la parte superior.

Planeador: Avión sin motor que vuela utilizando las corrientes atmosféricas.

Plastilina: Material plástico, de colores variados, compuesto de sales de calcio, vaselina, y otros compuestos alifáticos, principalmente ácido esteárico.

Pleistoceno: Se dice del primer periodo de la era cuaternaria, que se extiende desde hace unos 2 millones de años hasta hace unos 10 000 años, y que corresponde a la piedra tallada, o paleolítico.

Plioceno: Se dice del último periodo de la era terciaria, que se extiende desde hace unos 5 millones de años, hasta hace unos 2 millones de años, y que sucede al mioceno.

Penicilina: Antibiótico bactericida. (Las propiedades de la penicilina fueron descubiertas por Alexander Fleming, médico británico, en 1928 al estudiar los cultivos de Penicillium notatum.) Premio Nobel 1945.

Píldora anticonceptiva: Medicamento en forma de bolita, que se administra por vía oral para impedir la fecundación.

Polietileno: Materia plástica resultante de la polimerización del etileno. SIN: Politeno.

Procesador de texto: Informad: Dispositivo electrónico que procesa o es capaz de efectuar el tratamiento completo de una serie de informaciones o procesador de textos.

R

Radar. (Acrónimo del Inglés, radio detection and ranging, detección y situación por radio) Dispositivo que permite determinar la posición y la distancia de un obtaculo por emisión de ondas radio eléctricas, y por la detección de ondas reflejadas en su superficie.

Raedera: Instrumento para raer.

Raer. (lat. Radere, afeitar, pulir, razar, igualar con el rasero).

Radio telescopio: Aparato receptor utilizado en radio astrónomía.

Radio transistor: Receptor radiofónico portátil equipado con dispositivos semiconductores que amplifican corrientes eléctricas, y ejercen funciones de modulación, y de detección.

Rayón: Fibra textil artificial fabricada a base de celulosa. Tejido elaborado con dicha fibra.

Rayos X. Fis.: Rayos eletro magnéticos de longitud de onda corta que atraviesan con mayor o menor facilidad los cuerpos. (Los rayos X se utilizan en medicina, en la industria y en la investigación.

Reactor nuclear: Parte de una Central Nuclear en la que la energía se libera por fisión del combustible. Sin.: Pila atómica.

__Realidad__ __virtual__: Simulación audiovisual de un entorno real por medio de imágenes de síntesis tridimensionales.

__Reloj digital__: Reloj sin agujas ni cuadrantes, en que la hora se lee mediante cifras que aparecen en una pantalla.

__Retrete__: Habitación con un recipiente para orinar y evacuar el vientre.

__Riñón__ __artificial__: Conjunto de aparatos que permiten purificar la sangre en los casos de insuficiencia renal.

__Robot.__ (Voz inventada en 1920 por K. Capek, escritor checo.): Máquina automática con aspecto humano capaz de moverse, hablar, y actuar. Máquina automática capaz de manipular objetos o realizar una función determinada por medio de un programa fijo o modificable, o mediante aprendizaje (Robot industrial).

__Robot__ __industrial__: Máquina automática capaz de manipular objetos o realizar una función determinada por medio de un programa fijo o modificable, o mediante aprendizaje.

__Robot__ __de__ __cocina__: Electrodoméstico de cocina con accesorio que puede realizar diferentes operaciones, o realizar una función determinada por medio de un programa fijo o modificable o mediante aprendizaje.

__Rueca__: Instrumento que se usaba para hilar, formado por una barra larga en cuyo extremo se colocaba el copo, y con una rueda movida mediante pedal. Un copo es una porción de la materia dispuesta para hilarse.

Rupreste: Adj. (lat. rupestren, de rupes, roca): Que está hecho en las rocas: Iglesia rupestre.

Rotativa: Una máquina de imprimir con forma cilíndrica, cuyo movimiento rotatorio contínuo permite una gran velocidad de impresión.

S

Satelite espacial: Satelite artificial o aparato que ha sido lanzado desde la Tierra y que gira alrededor de un planeta, o cuerpo celeste para recoger información.

Saxsofón: Instrumento musical de viento, hecho de cobre o latón con embocadura simple y provista de una bo quilla de clarinete y de un mecanismo de llave.

Secador de pelo: Máquina que se emplea para secar el pelo mediante circulación de aire caliente.

Semáforo luminoso: Dispositivo de señalización luminosa para la regulación del tráfico urbano.

Sextante: (del lat. sextanti): Instrumento que permite me dir la altura de los astros desde una embarcación o una aeronave.

Sistema Braille: Sistema de escritura de puntos en relieve para invidentes, ideados por el inventor francés Louis Braille, quien quedó ciego desde los tres años.

Sumer. Sumerio(a): De un pueblo que se estableció en el IV milenio en la baja Mesopotamia. Lengua antigua ha-

blada desde el sur de Babilonia hasta el Golfo Pérsico.

Sucedaneo: Se dice de la sustancia que puede reemplazar o sustituir a otra y que generalmente es de menor calidad.

Sulfamida: Compuesto orgánico nitrogenado y sulfurado, que es la base de distintos grupos anti infecciosos, anti diabéticos y diuréticos.

Sumergible: Que puede sumergirse. Se dice de las embarcaciones capaces de navegar bajo el agua.

Super conductor: Que presenta el fenómeno de la superconductividad.

T

Tajeta de crédito: Tarjeta de pago: Tarjeta plasticada y generalmente con una banda magnética con la que el titular puede efectuar pagos o realizar otras operaciones financieras, al disponer de un margen de créditos. Sin. Tarjeta inteligente.

Tobera: Abertura tubular practicada en la parte inferior y lateral de un horno, para la entrada del aire que alimenta la combustión.

Teflón: Polímero similar al polietileno.

Teleleférico: Medio de transporte de personas o mercancias, formado por cabinas o asientos suspendidos de unos o más cables, que se utiliza para salvar grandes diferen-

cias de altitud.

Termo: (gr. *thermós,* caliente). Botella o recipiente aíslante, de doble pared, con vacío intermedio, provisto de cierre hermético que sirve para conservar bebidas o liquidos a la misma temperatura en que se introducen.

Tocadisco: Aparato que reproduce los sonidos grabados en un disco.

Tomografía axial computarizada: (TAC) Técnica de exploración radiológica basada en la reconstrucción infor mática de la imagen de un plano interno del organismo, a partir de una serie de análisis de densidad efectuado mediante barrido y/o rotación del conjunto formado por el tu bo de rayos X y los detectores.

Torpedo: Proyectil cilíndrico, explosivo, submarino y au to dirigido, que una embarcación o un avión lanza para atacar un objetivo marítimo.

Tornillo: Los tornillos metálicos se emplearon como una alternativa superior a los clavos en 1556 d.C. Sin embargo, hay referencias a los tornillos de metal alrededor del 1400.

Transbordador espacial: Astronave reutilizable destinada a transportar aparatos y otros objetos al espacio. Sin. Transbordador espacial.

Transistor: Dispositivo semiconductor que amplifica corrientes eléctricas, genera oscilaciones eléctricas, y ejerce funciones de modulación y detección.

<u>Tubo</u> <u>de</u> <u>rayos</u> <u>catódicos</u>: Tubo de vacío en el que los rayos catódicos son dirigidos sobre una superficie flúorescente y su impacto en ella produce una imagen visible. (Constituye el elemento esencial de los aparatos receptores de televisión y de las consolas de visualización de computadoras.

<u>Tubo</u> <u>rectificador</u> <u>de</u> <u>diodos</u>: Tubo de dos electrodos, unión de dos semiconductores, etc.

<u>Turbina</u>: Máquina motriz compuesta de una rueda sobre la que se aplica la energía de un fluido propulsor.

<u>Turbo</u> <u>reactor</u>: Turbina de gas utilizada en aeronáutica y que funciona por la reacción directa en la atmósfera.

<u>V</u>

<u>Velero</u>: Se dice de la embarcación muy ligera o que navega mucho. Barco velero: Buque de vela; aparato proyectado para vuelo sin motor.

<u>Video</u> <u>juegos</u> <u>doméstico</u>: Juego electrónico que se visualiza por medio de una pantalla.

<u>Video</u> <u>cámara</u>: Cámara de registro de imagen sobre soporte no fotográfico, generalmente magnético. Sin: Cámara de video.

<u>Viidrio</u> <u>termoresistente</u>: Vidrio resistente al calor.

<u>Viscosa</u>: Celulosa sódica que se emplea en la manufactura del rayón.

X

_Xilografía__: Técnica de grabar imágenes en madera. Grabado que se hace con una plancha de madera._

Z

Zepelín s.m. _(de F. von Zeppelín, oficial alemán). Globo dirigible de estructura metálica rígida, inventado por Ferdinand Zeppelín._

Otros libros publicados por el autor

1. Canto al Amor (Poesía-2001)

2. Canto a la Humanidad (Poesía-2002)

3. Reflexiones Filosóficas (Texto-2003)

4. Cuarta Dimensión (Texto-2005)

5. Singing to Love (Poetry-2006)

6. Electricidad (Texto-compilación-2010)

7. Mundo Invisible (Texto compilación-2014)

8. Los Mitos de la Religión (Texto-2015)

9. Energética (Texto-compilación-2018)

10. Médium (Texto-2023

www.ingramcontent.com/pod-product-compliance
Lightning Source LLC
Chambersburg PA
CBHW020449220526
45464CB00002B/919